科学不再可怕

四季如夏的危机

气候变暖

燕 子 主编

HITP 哈爾濱工業大學出版社
HARBIN INSTITUTE OF TECHNOLOGY PRESS

图书在版编目(CIP)数据

四季如夏的危机 ：气候变暖 / 燕子主编. -- 哈尔滨 ：哈尔滨工业大学出版社，2017.6
(科学不再可怕)
ISBN 978-7-5603-6297-7

Ⅰ. ①四… Ⅱ. ①燕… Ⅲ. ①全球气候变暖 -儿童读物 Ⅳ. ①P461-49

中国版本图书馆 CIP 数据核字（2016）第 270702 号

科学不再可怕

四季如夏的危机——气候变暖

策划编辑 甄淼淼
责任编辑 李广鑫
文字编辑 张 萍 白 翎
装帧设计 麦田图文
美术设计 Suvi zhao 蓝图
出版发行 哈尔滨工业大学出版社
社 址 哈尔滨市南岗区复华四道街 10 号 邮编 150006
传 真 0451-86414049
网 址 http://hitpress.hit.edu.cn
印 刷 哈尔滨市石桥印务有限公司
开 本 710mm × 1000mm 1/16 **印张** 10 **字数** 103 千字
版 次 2017 年 6 月第 1 版 2017 年 6 月第 1 次印刷
书 号 ISBN 978-7-5603-6297-7
定 价 28.80元

引言

“温暖”，在我们的日常生活中，无论是用在人和人之间的关系上，还是用在我们身体的感知方面上，无疑都是一个让人感觉很舒服的词，然而，这些都是我们生活小范围内的感受，如果让这个词扩大到整个地球的气候问题，恐怕事情就不那么简单了。

我们都知道，地球的南北两极存在着大量的冰雪，另外，地球上还有一些常年积雪的山峰。可你知道如果这些冰雪都融化了，会是什么后果吗？

马尔代夫是一个位于印度洋上的美丽岛国，那里是旅游爱好者的天堂。但是，你能想象这么美丽的一个地方，几十年以后会被海水吞没吗？你能想象那些憨态可掬的北极熊，因为家园越来越小，不得不处于消亡的境地吗？

或许你觉得这些距离我们不是那么近，那倘若我们赖以生存的粮食和饮用水都成了问题，你是不是会有一些危机感了呢？而全球气候变暖，就是带来这些恶果的元凶之一。

想了解全球气候变暖对地球到底有多大的威胁吗？那就来看看卡克鲁亚博士是如何讲解的吧。

乞力马扎罗的雪

冰雪覆盖的“绿色之地”

目录

气候怪谈

努力的方式

目录

地球只有一个，
请爱护我们的绿色家园。

乞力马扎罗的雪

它，既是火山，又是雪山。它是位于赤道上的非洲最高的山脉，你可以叫它"非洲屋脊"，也可以叫它"非洲之王"，它就是乞力马扎罗山。

如果说在这个世界上有很多雪山，那么，位于赤道上的雪山可是仅此一个。接下来，就跟随你们亲爱的卡克鲁亚博士我，一起来看看这座神奇的赤道雪山吧。

赤道雪山真的存在吗

160多年前，世界还没有如今这般信息发达，不过，那时候，人们对我们生活的地球，却还是有很多认识的。赤道是个比其他纬度地区获得日照更多的地方，所以那里的炎热也是其他地方不能相比的。赤道怎么可能有雪山存在呢？如果你对那个时代的人说，有那么一座雪山位于赤道上，一定会有人骂你是"骗子"，或者说你是"疯子"。

你还别不信，这样的遭遇，就在一个叫雷布曼的传教士身上发生了。

据说在 1848 年，德国传教士雷布曼来到东非工作，一个偶然的机会，他看到了赤道上竟然有雪山，这简直就是一道奇观嘛。于是，回国后，他就兴冲冲地写了一篇游记，把他的所见所闻如实记录了下来，并在一家刊物上发表了。

然而，让雷布曼始料未及的是，就这么一篇讲述他在非洲所见所闻的游记，却给他带来了一连串的麻烦。人们指责他别有用心，用无中生有的臆造来宣传异端邪教。

看到这里，你是不是觉得，那时候的人真是不可理喻啊？就算是说赤道上有雪山，别说那还是真的，即便是吹吹牛，也不至于如此“上纲上线”吧。

这也不能怪那时候的人思想有多迂腐，当“未知”的事实和自己“坚信”的常识相悖时，人们总是会选择大多数人认同和自己原本就深信的东西。绝大多数人都是这样的，不仅是在“那时候”，而是在“所有时候”。

可怜的雷布曼，就这么一直背负着各种诋毁和骂名，直到 1861 年，又有一批西方的传教士和探险者跑到非洲去，大家都亲眼见到了赤道旁边，竟然真的有一座山峰顶上有着积雪的高山。而且最重要的是，有人把这山峰拍下了照片，带回到欧洲。直到这时，西方人才开始相信雷布曼并没有胡说八道，而只是陈述了事实。

在经历了整整 13 年的被误解、被冤枉，甚至是被谩骂指责之后，雷布曼总算是讨回了公道。

虽然这件事应该算是昭告天下了，但是还是有很多人对此抱着

不相信的态度，原因很简单，就是赤道那么热，怎么可能有雪山呢？然而，不管人们信还是不信，赤道雪峰却早已在那里存在了。

这座被誉为赤道雪峰的山，就是位于赤道和南纬 3 度之间，地处坦桑尼亚东北部的乞力马扎罗山。

乞力马扎罗山主要由基博、马温西以及希拉 3 个死火山构成，总面积 756 平方千米，最高峰叫乌呼鲁峰，海拔 5 892 米，当然，这里也是非洲的最高点了。

也难怪会有那么多人不相信它的存在，想想赤道炎热的高温中，远远地眺望，竟然有这么一座冰雪山峰坐落在那里，身处酷热当中，眼里却是白雪皑皑的山顶，那景象还真是如同海市蜃楼一般。

但是这座迷人而神秘的雪峰，却真的实实在在就在那里，紧紧地和赤道相邻。那曾经是终年积雪的山顶，不仅给当地人，也给未曾谋面的人们，带来了无尽的遐想。

然而，现如今，那迷人的景象却日渐消失，那曾经洁白的山峰，已经渐渐褪去了“冰清玉洁”的迷幻色彩。

有趣的高度争议

如果有人问，你的身高有多少，你可能会说，这有什么难，量量就知道了。如果你尚未成年，身高应该还有增长的机会，如果你已成年，哦，那从正常角度来讲，身高就不变了。可是，一座高山的高度竟然会忽高忽低……嗯，那只有一个原因，应该是测量的关系了，毕竟测量一座高山远比给你量身高要麻烦得多嘛。

2000 年，在坦桑尼亚举行的“世纪登山活动”上，政府郑重地宣布了乞力马扎罗山的准确高度——5 892 米。

消息一出，顿时引发了很多坦桑尼亚人的不满，明明一直都说是 5 895 米，怎么就矮了 3 米呢？

也难怪人家心里不平衡，因为一直以来，5 895 米的高度早已深入人心，更何况乞力马扎罗山在当地人心中，那就是两个字——神圣。这“莫名其妙”地就让他们心中神圣的山矮了 3 米，一时半会儿转不过弯来，也是人之常情。

当然了，山还是那座山，也还是那么高，“变矮”的原因仅仅是测量存在误差。从 1889 年开始，就有德国和英国的学者对乞力马扎罗山轮番测量，而分别得出的结论竟然也不相同，从 6 011 米到 5 982 米，再从 5 930 米到 5 965 米，又从 5 963 米到 5 895 米……真是五花八门啊。这种“花样身高”状态，终于在 2000 年，以确定为 5 892 米画上了句号。

你可别看乞力马扎罗山峰顶上终年积雪，但从 5 千米以下到 2 千米以上的山腰部分，却生长着树种繁多、树木高大的茂密的森林。森林中很多树种，不仅在非洲，甚至在世界上都是极其名贵的。比如有一种叫木布雷的树，其极长的生长期，让它们拥有坚硬的木质，还具有很强的抗腐蚀能力，因而成为制作家具和盖房子的上等材料。

而在 2 千米以下的山腰部分，则气候温暖、雨水充沛，肥沃的火山灰形成的土壤为咖啡、花生、茶叶、香蕉等经济作物提供了良好的生长基础。

到了山脚，即使是在树荫下，炎热的气候也会让气温常常保持在30摄氏度以上。这里完全是一派热带非洲的景象。四周的草原上，自由自在地生活着包括非洲象、斑马、长颈鹿和犀牛等热带野生动物，此外，疣猴和蓝猴、阿拉伯羚、大角斑羚等稀有动物，也可以在此见到踪迹。所有的一切，让这里成为世界上著名的野生动物保护区。

乞力马扎罗山因为火山运动形成的肥沃土地，不仅促进了各种植物的生长，还促使东非产生了灿烂的文化。有考古学家研究证明，早在公元3世纪时，乞力马扎罗山附近地区便是内陆和沿海进行商贸活动的中心。这里在1968年就被开辟为国家公园，并于1981年被联合国教科文组织列入《世界文化与自然遗产保护名录》。

卡克鲁亚笔记

乞力马扎罗山特有的几个植被带，自山麓至山顶依次为：周围高原的半干旱灌木丛、南坡水源充足的农田、茂密的云林、开阔的沼地、高山荒漠、苔藓和地衣的共生带。山坡上的年降水量平均为1780毫米。南坡和东坡上的水流供给了潘加尼河、察沃河和吉佩湖，而北坡上的水流则供给安博塞利湖和察沃河。

那只“风干冻僵的豹子”

“乞力马扎罗是一座海拔 19 710 英尺(1 英尺≈0.304 8 米)的长年积雪的高山，据说它是非洲最高的一座山。西高峰叫马塞人的‘鄂阿奇－鄂阿伊’，即上帝的庙殿。在西高峰的近旁，有一具已经风干冻僵的豹子的尸体。豹子到这样高寒的地方来寻找什么，没有人做过解释。”

别忙着换算这个山高度是否准确了，因为这段话出自一篇小说《乞力马扎罗的雪》，而这篇小说的作者，就是欧内斯特·米勒·海明威。

提到乞力马扎罗山，人们就一定会想到海明威的这部小说。因为正是这篇有着如此名字的小说，为乞力马扎罗山在全世界范围内提高了知名度。

被冠以硬汉之名的海明威给人的印象，就如他在获得诺贝尔文学奖的名篇《老人与海》中所说的—— 一个人可以被毁灭，但绝不能被打败。

如果你非要问你们的老博士，这话怎么理解，老博士只能按照自己的理解，这么告诉你：作为一个真正的人，肉体上可以被毁灭，但是精神永远无法被摧毁。

说到小说里关于“冻僵的豹子”，或许每个读过海明威小说的人，都有着自己的理解或是不解之处。但你们的老博士倒是很愿意把这理解为一种“追求”的象征，一种“豹子的追求”，或许拥有自己的追求并不被理解，但是坚持自己追求的人，并不介意是否被人理解，即便为了这追求，死在高寒之地。

当一个人心里有追求的时候，就会像这只豹子一样，会做一些让他人看来很不可思议的举动，但是只有自己知道，自己在寻找什么。

如果你想知道，为什么作为一个作家，海明威会有一个“硬汉”的称号。即便你不知道他的生平，仅仅从他的作品中，你也能感受到他无愧于这个称号。从战场到斗牛，从打猎到捕鱼……那些精彩的冒险，绝非他凭空臆造出来，而实实在在都是他的亲身经历，也是他热切向往的。

这寥寥数笔，当然不足以说清这个了不起的硬汉作家的生平，不过别忘了，我们这次可是在讲和气候变暖有关的事儿，而在此提到他，也是因为乞力马扎罗的雪。

赤道雪峰的消失

通过之前对乞力马扎罗山的简单介绍，那垂直分布的山地气候，想必也给你留下了些印象。从下往上，由热带到雪山的奇景，仅仅是文字，当然不足以让你有太深刻的印象，但是倘使你闭目想象你从山脚下的热带雨林开始，逐渐向上经过亚热带常绿阔叶林……再继续，则是温带森林以及高山草甸……而后是积雪的冰带川……这时候，你还能想象，你实际是身处赤道吗？

如此多样的气候环境，一是因为高山海拔的落差，还有就是乞力马扎罗山阻挡住了印度洋上的潮湿季风，所以这里拥有了充足的水源。而水流和气温条件的结合，就形成了这些丰富多样的山地垂直植被带。

特别是山顶部的皑皑白雪，更是让这一特别的垂直分带的风景，包含了从赤道到两极的景象和植被。

然而，这一地带那独特的“赤道雪峰”却在消退……

由于全球气候变暖，以及环境恶化等因素，乞力马扎罗山顶的

积雪渐渐融化。降雪少，蒸发得多，以及这座死火山内部积蓄着的热量，让山上的冰雪覆盖面积大幅度“缩水”，仅从 1912 年到 2007 年间，乞力马扎罗山覆盖的冰雪就萎缩了 85%……雪线也以每年一米的速度后退着。那个山顶上白色的“雪冠”也曾经一度消失……

如果情况持续恶化下去，用不了几年，乞力马扎罗山上的冰盖就将全部消失。

乞力马扎罗山冰雪的消融，到底该归咎于全球气候变暖，还是当地局部环境的影响？尽管有研究表明，这里冰川的融化，首先要考虑的是当地局部环境的变化，降雪量变少而升华却在增加，因为冰可直接变成水蒸气，而无须液化为水再变成水蒸气。但不可否认，全球变暖这种现象，是无法洗脱让“赤道雪峰”消失的嫌疑的。

海明威要是还在，如果他再次来到乞力马扎罗山，却再也看不到那山顶奇异的赤道之雪，不知道他会做何感想……抑或他会庆幸自己早生了几十年，并且是个对世界充满了探险欲望的人，因为这二者缺

少一样，他都无法见到这赤道雪峰。如果这座赤道雪峰彻底消失，那么后世的人再读《乞力马扎罗的雪》时，会不会觉得这是一部玄幻小说呢？至少他们会觉得，这样的名字和海明威传奇的一生一样，都只是个传说吧……

你不知道的

乞力马扎罗山因为地处赤道附近，所以气候和植被都是从热带雨林开始，而气候分布则属于非地带性分布。因此乞力马扎罗山多容易形成地形雨，给这里带来丰富降水。

冰雪覆盖的“绿色之地”

如果你对英文稍有知晓，当你知道格陵兰的英文竟然是 Greenland——绿色之地时，会不会有种被恶搞的感觉呢？

除非你压根儿不知道，格陵兰是一片茫茫冰雪的天地，或许还会对拥有着如此诗意名字的地方，充满了绿色葱茏的幻想。但倘若你已知道，那里的气候和地理环境是何种情况，一定会觉得，这样的名字实在是有点“调皮”了。

第一大岛的壮观

200多万平方千米的面积，让格陵兰岛毫无争议地成了世界第一大岛屿。你还别不信，就是世界上排名第二大的新几内亚岛、第三大的加里曼丹岛，以及“老四”马达加斯加岛这三位面积加起来的总和，还比格陵兰岛小一点儿呢。

在格陵兰岛这儿，终年只有雪，想在这里看到雨，门儿都没有。在这里，除了西南沿海的少数地区没有永冻层，尚有少量的树木和绿地外，整个岛屿真的就是一个冰雪的王国了。格陵兰岛85%的地面，都被一道道冰川和厚重的冰山所覆盖着。

格陵兰岛的中部地区，最冷月份的平均气温为零下47摄氏度，最冷的温度能达到零下70摄氏度。是不是感觉和“南极”有一拼了？这里就是地球上，仅次于南极的第二个“极寒之地”。

实际上，格陵兰全岛的2/3都是位于北极圈内的，而全岛5/6的土地是被冰覆盖的，中部冰层的厚度达到了3 400多米，平均厚度也接近1 500米，如此大的大陆冰川，还真是仅次于南极了。

据科学家测量给出的数据，整个格陵兰岛的冰的总容积可达260万立方千米。这个数字究竟是个什么概念呢？如果这些冰全部融化，全球的海平面将升高6.5米左右。

想想这个冰体是不是够壮观？也真是全依靠着厚厚的冰层，不然，格陵兰岛绝对不是现在这样高高地突起于海上。倘使没有了这些冰，格陵兰岛就像一只平平的、椭圆形的盘子似的，是海平面上毫不起眼的一块陆地。

由于格陵兰岛大部分位于北极圈内，也就有了极昼和极夜的现象，而且越是高纬度的地方，一年中的极昼和极夜的现象出现的时间也就越长。一到冬季，便出现了长达数月的极夜现象，这个时候，在格陵兰岛的上空，就有机会看到飘忽不定、色彩绚丽的北极光。而到了夏季，总会有那么一段日子，每天太阳都一刻不离地陪着你，让你忘记了什么是夜晚。

在格陵兰岛上，还有着世界上最古老的岩石，据估计，这些岩

卡克鲁亚笔记

格陵兰岛上的冰盖产生了巨大的冰川，雅各布港的冰川，以每小时1米的移动速度，每天都将几百万吨冰排入海中。这些进入海里的冰川就形成了海上的冰山，著名的泰坦尼克号当年就是撞上了一座冰山，导致最后沉没。

石距今至少有37亿年的历史了。

格陵兰岛上冰原广袤且环境恶劣，在1888年前，没有人成功穿越这里，直到1888年，挪威探险家费里特乔夫·南森利用雪橇进行冰上旅行，终于成功地穿越了岛上冰原。

仅就这几句短短的题外话，就不得不让人感叹，格陵兰岛这世界第一大岛，还真是挺神奇的。

名字的由来

就这么一个冰天雪地的地方，却有着一个完全意义相反的名字。到底是谁，如此恶作剧地把这么一个银装素裹的大陆，叫作“绿色之地”呢？如果不是恶搞，那至少也是欺骗。

事实，准确地说，是传说中的事实，还真就是有着“欺骗”的意思。

据说在公元982年，看看这个年份，1 000多年前的事儿了，所以老博士我才用了“传说中的事实”这样的词，毕竟再多的“口口相传”，甚至是文字记载，也都是我们现在的人所无法确定的了。

好了，回到我们要讲的故事吧。话说在公元982年的时候，有一个叫埃里克的挪威海盗，据说他因为杀了人，被逐出了冰岛，他就一个人划着小船打算远渡重洋。听起来就感觉很艰险的样子嘛。不过这家伙竟然成功地抵达了一个“新大陆”，那就是格陵兰岛。

其实，埃里克当然也仅仅是在岛的南部见到了一些绿色，但是他在几年后返回冰岛的时候，却对其他人大肆宣扬，他发现了一个叫“绿色之地(Greenland)”的地方，那里当然是一片绿色，生机盎然，是一个了不得的好地方。

也难怪他将谎撒得天花乱坠，如果他实话实说，谁还会对那么一个冰天雪地的地方感兴趣呢？只有把那里描述成具有天堂般的春色，才会使人产生前往

卡克鲁亚笔记

埃里克，英文名字叫Eric the Red，他可是一个传奇式的人物。听听他名字的其他翻译，“红胡子埃里克”“红魔埃里克”“红毛埃里克”或“红衣埃里克”……你可以认为他是一个维京探险家，但是“红胡子”这个词，在过去的中国，就是“土匪”的另一个称呼。对北欧历史稍有了解的人，对“维京海盗”都不会陌生。

的愿望嘛。

986年的时候，这个埃里克竟然真的组织了一些人，前往格陵兰岛。据说当时的声势可谓浩大，整个船队由25艘船组成，不过最终只有14艘船和船上的500多人到达了“目的地”。这些来到“绿色之地”的新居民，便开始了捕鱼和打猎的生活。

不过，这些斯堪的纳维亚人在此的定居点，却在500年后消失了。挪威和格陵兰岛之间的最后一艘商船，是1410年起航的。至于为什么移居格陵兰岛的这些斯堪的纳维亚人消失了，有人说是因为遭到了疾病的袭击，也有人说这些人可能是向北迁移了。因为在更北的地方，有着早已适应这里生活的因纽特人，或许和这些因纽特人混居，能获得更多的生存机会吧。不过也可能是因为那时候全球气温下降，让他们不堪严寒的关系。总之，这也算是一个众说纷纭的话题。

在11世纪的时候，埃里克松，也就是埃里克的儿子，将基督教传入了格陵兰岛，1126 年，格陵兰岛上有了第一个主教。

正在消退的奇异的冰

想想那平均厚度为 2 300 米的冰层，那仅次于南极洲的现代巨大的大陆冰川……你大概不会将这些同“消失”联系在一起吧。

然而这个大家伙竟然在融化。据美国国家航空航天局的卫星照片显示，在 2012 年 7 月 8 日到 12 日的短短 4 天中，整个格陵兰岛的冰盖表层的融化面积居然从 40%上升到了 97%，这个数据大到显得很不真实，甚至美国国家航空航天局的科学家在第一时间的反应就是，卫星的数据出现了误差。

如此的融化速度，实在是超出了之前的所有历史数据，而近乎“疯狂”。然而这还不是最严重的问题，在冰盖融化的同时，世界上

卡克鲁亚笔记

格陵兰岛上的冰有着“万年冰”的美誉，这里的冰块内含有大量的气泡，只要把冰块放进水里，就会持续地发出爆裂的声音，可谓是一种优质的天然冷饮制剂。在炎热的夏季，倘若能喝上一口这洁净、高纯度的“万年冰”制造出的冷饮，真是一种难得的享受。

最北部的冰川——彼得曼冰川，竟然碎裂掉了一个足有美国纽约市中心曼哈顿区那么大的角。

这里先给大家普及一下常识，在进入夏季的时候，格陵兰岛上一般会有一半左右的冰雪，在漫长的夏季中被融化成水。但仅仅短短的几天，表层冰雪几乎全部融化，这还是让人大有惊掉下巴的感觉。也难怪连美国国家航空航天局那些见多识广的科学家，也会以为是卫星出错了。

然而最后还是证实，不是卫星的错。那年的 7 月，格陵兰岛地区有过一段异常的高温日子。而其他研究机构也从侧面证实了卫星数据的准确性，虽然是还给了卫星一个“清白”，不过却给人类带来了一个不小的警示。

如果格陵兰冰盖真的加速融化，是不是距离它的整体消失更近了呢？想想之前说过的，倘若这个大家伙全部消融，那全球的海平面岂不是要升高 6.5 米左右了吗？

究竟这样的融化对该地区，甚至全球的气候有什么样的影响呢？或者说，究竟是什么原因导致了格陵兰岛上的冰盖“大逃亡”呢？

到目前为止，逐渐融化的格陵兰冰盖，已经让全球海平面每年平均上涨了 3 毫米左右。虽然位于岛中心的坚冰厚达 3 000 多米，但是冰盖边缘的冰，却正在不断地融入海洋，这让边缘的冰盖变得越来越薄。

格陵兰岛冰盖这“突飞猛进”的融化势头，不得不让人想到那个话题——全球气候变暖……

流泪的冰川

听到“冰川”两个字，我们立刻就会产生“好冷”的感觉。就像当你听到“温暖”一词就会觉得舒服，而连带着“气候变暖”这 4 个字也在乍一听时，显得不是那么可怕。然而，当你知道“气候变暖”的威力后，是不是

对冰川也有了别样的感受呢？要知道，冰川可是在地球上存在上亿年了。

无论是北极、南极，还是像阿尔卑斯山那样的高山，都被皑皑白雪覆盖着，当你看到那些海岸线的冰川，还有天边变化的流云……总会感觉有一种自然的美让人心驰神往。

当然，前提是你穿得足够厚实！

不过这些洁白美丽的冰川，可不仅仅是让人来欣赏它们的外表的。这些洁白冰冷的家伙，就如一面面的反光镜，将一半的阳光反射回去，让地球维持着适度的“体温”。北极的冰川，还能对北极的海洋起到保温的作用，让这里的海水一直保持着以往的低温。

或许你会觉得“冷”有什么可保持的？

对于自然来说，“冷”就是那里该有的温度，一旦改变，就有可能对那里的环境起到负面作用。就好比你习惯了从小长大的家乡的温度，如果突然把你送到赤道地区生活，你也一定很难适应。不过，人总是有着一些方法来保证自己的习惯的，比如在炎热的地方，你可以待在有空调的房间里。但是那些已经习惯了自己生活环境的动物，并没有这样的条件。突然变冷，或者是突然变暖，都是让它们无法适应的。

当气温升高的时候，冰川融化，因而反射太阳的力量就大大削弱了，陆地和海洋都将变热，而变热的陆地和海水增加的温度，又进一步加速了冰川的融化……

20多年来，北极冰川已经消失了一半。很多科学家对此做出了比较悲观的预计，到2040年，北极冰川有可能全部消失。

这又是一个恶性循环!

是的,所以说冰川的消融不仅对冰川本身是个悲剧,对地球的环境同样是个不可逆转的悲剧。

“天山 1 号”正在萎缩

刚刚说过,冰川这家伙,可是地球上的“老住户”了。我们现在要讲的这个“天山 1 号”当然也是一样,它有多老呢?

这可是你这个小脑袋瓜无法想象的,这个坐落在海拔 3 545 米以上的高山冰川区的大家伙,距今已经有 480 万年的历史了!

怎么样,冰川还真是地球上的“老住户”吧。

所以,“天山 1 号”就有着“冰川活化石”的美称。这里的平均气温,常年都在零下 53 摄氏度左右,而最冷的那个月,温度能达到零下 159 摄氏度!

然而就是这么个寒冷的大家伙,竟然被发现,东、西两支正在快速萎缩。

也许有人会问难不成冰川减肥了?

的确是“减肥”了,但是冰川瘦身可不是什么好现象。从 20 世纪中叶开始,这个大家伙就呈现出全线后退的趋势。原本东、西两支的冰一直在后退,最后,竟然完全分开成了两支冰川。

让我们看看,科学家给出的数据吧。

“天山 1 号”冰川东支,从 1950 年至今,平均每年消融 4 米。而西支从 1950 年至今,则平均每年消融 6 米。

而这个冰川的体积,从 1950 年至今,最少损失了 2 000 万立方米,面积仅从 1962 年到 2006 年就减少了 27 万平方米。

是不是感觉,说来说去,还是气温升高惹的祸啊!

一位国外专家的感叹,很能让我们对美丽的“天山 1 号”冰川的变迁有所触动,他是这么叙述的——当 1987 年来这里的时候,

“天山 1 号”冰川还没“分家”，整片冰川就如同白色的瀑布，闪耀着淡蓝色的光芒，让人为之称奇。然而这一奇景，现在已不复存在。我们只能看到它“分家”后的样子了。

如果我们不想办法，恐怕将来，连这“分家”的样子也看不到了！

为什么我们要拯救冰川

我们一直在说，冰川是地球上的一个“老住户”，既然它们有着如此古老的历史，特别是它们那寒冷的特质，让它们成了地质遗迹，

特别注意

“天山1号”冰川是世界上距离大都市最近的冰川。它位于乌鲁木齐西南120公里，平均雪线高度为4 055米。1959年，中国科学院兰州冰川冻土研究所在此建立了天山冰川研究站，它是我国唯一的在国际上开放交流的高山冰川研究站。

成了观察地质“历史”最合适的地方。如果我们失去了这些冰川，也同时失去了那些古老的地质遗迹。

对大自然而言，冰川无疑就是一个保存完好的信息载体，那些几百万年的气候变化和水文变化的记录，都保存在冰川中。

同时，这些巨大的冰川又储存着全世界70%的淡水。你想想，如果这些冰川统统融化，和海水融为一体，那我们的陆地呢？

陆地上的冰川，比如“天山1号”，原本是一个“固体水库”，当河流水源不足的时候，这些冰川就会及时地给予补充。对于干旱的地球，冰川简直就是“生命之源”！

然而想象一下，如果陆地上的冰川全部消融，在河水泛滥之后，我们的“生命之源”也就此消失了。

你能说拯救冰川，不是在拯救生命吗？

接下来，我们从天山直飞喜马拉雅，看看那里的冰川是什么样子的。

这里的冰川也没有逃过全球变暖的“魔掌”，据科学家调查研究显示，这里的冰川融化的速度，竟然超出了世界上任何地方的冰川融化速度。

如果照这样的速度融化下去，几十年后，我们就再也不能看到喜马拉雅的冰川了。

喜马拉雅冰川位于青藏高原南部边缘，是一个庞大的冰雪体，那里有近 5 万条的冰川，还有广袤无垠的冻土。一旦喜马拉雅冰川全部融化，冰川原来对气候的调节作用就会消失。如此大量的融化掉的水，就如同一泻千里的洪水，裹挟着巨大的冰块和泥石流涌向人类的聚居地。

特别注意

我国的黄河和长江，以及印度的恒河等亚洲的七大河流的源头之水，都来自于喜马拉雅冰川。每年，喜马拉雅冰川共向这些河流提供近千万立方米的淡水。如果冰川迅速融化，淡水也会迅速减少，那么所有依赖这些河流生存的人，将面临缺水的危机。

冰川集体“大逃亡”的恶果

刚刚我们说了“世界屋脊”冰川的消融危机，现在，让我们来看看，还有哪些冰川在追随喜马拉雅冰川的脚步，加入到这场可怕的冰川消融的“竞赛”中吧。

致富梦碎

智利南部的经济原本就比较落后，但那里拥有世界第三大的冰原——蒙特冰川。原本那里的人们希望把这个著名的冰川当作旅游资源开发，但是还没等人们开始行动，大自然就在气温升高中，开始不考虑人们的感受了。

1898 年开始，这里的冰川曾经有过第一次较缓慢的收缩。到了 1990 年，又来了第二次“减肥行动”。而在 1990 年到 1996 年，仅仅 6

年的时间中，冰川就后退了大约 7 千米，且不断地有融化现象出现。到了 2012 年，科学家发现，这里的冰川，竟然以比其他冰川快 11 倍的速度在消融着……

看来，这里的人们开发旅游业的希望变成泡影了。

雪线指的是高山和高纬度地区常年积雪的下线。雪线以上的地方，通常比较寒冷，越积越多的雪，最后有可能形成冰川。而雪线以下则相对比较温暖，属于季节性积雪地带。

正在消失的“稀罕宝贝”

智利人民改善生活的想法，就这么在不断消融的冰川中破碎了。现在，我们从南美回到东南亚看看吧。

印度尼西亚位于亚洲东南部，地跨赤道，当然属于热带了。你可能很难想象，就是这样的一个热带国家，竟然也有冰山。

是的，印度尼西亚的卡斯坦兹山，就是亚洲热带地区唯一一座山顶常年积雪的山峰。当然，卡斯坦兹山冰川也就成了热带地区的一个罕见的“宝贝”。然而最近几年，这个冰川的面积却明显地缩小了，雪线上升了大约 100 米，后果就是地貌、景观以及动植物的分布都随之改变。

再看看南亚的情况吧。尼泊尔和孟加拉等国家，一些地势较低的地区，正面临着被淹没的危险。

请别问我尼泊尔和冰川有什么关系，难道你忘了，尼泊尔和我国共同拥有喜马拉雅山吗？难道你忘了，很多攀登珠峰的向导就是尼泊尔人吗？想想那些大自然花费上百万年打造的冰川，现在却从原来带给人们淡水的好伙伴，变成可能淹没那些地势较低地区的洪水。气候变暖，真的是件不容忽视的事情了。

因此我们要保住这些冰川，让它们继续留在这个星球，保护着我们不受过多的阳光的侵害；让它们继续成为我们人类研究地质变迁的资料；让这些人类的“固体水源”继续为我们储存宝贵的淡水……现如今，你应该明白这其中的意义了吧。

卡克鲁亚笔记

国际冰雪委员会，隶属于国际水文科学协会。在1936年之前，这个组织的名称为国际冰川委员会，成立于1894年。在此基础上，于1936年正式成立国际冰雪委员会，针对雪和冰川等特殊水文形式进行研究，为世界范围内的雪和冰川相关的问题，提供了大量的资料和建议。

冰川融化后被释放的病毒

2007年，美国科学家在一些冰川中发现了有可能导致疾病蔓延的病毒毒株。事实上，直到今日，科学家已经认定这种病毒是一种寄居在细菌体内的噬菌体。科学家们从格陵兰冰层中的杆状细菌中，成功地分离出了这种噬菌体。令人惊讶的是，这些家伙的年龄都在500岁到5 500岁之间。

如果你问，这些病毒、细菌是活的吗？那么告诉你一个不幸的

消息，它们当然是活的，否则怎么会对人类有威胁呢。而那些细菌，恰恰成了这些病毒的保护者。

“长寿”的冰川在地球上存在了上亿年，短的也有几百万年。对于微生物而言，冰川成了它们可以生存几百万年的“保鲜柜”。在冰层里，这些微生物都处于休眠或者是新陈代谢速度非常低的状态。不过一旦气温升高，这些“休假”的细菌，就会被释放出来。

当冰川融化，这些家伙就会随着融化的水流到“外界”，然后复苏，趁机进入人类或者各种动物的体内。

可怕的是，这些古老冰层里隐藏的病毒种类非常繁杂。各种奇怪的流感病毒，甚至现在已经“消亡”的骨髓灰质病毒和天花病毒都有，另外还有很多人类至今尚不知晓的病毒种类。而人类身体的自我防御能力，是否能抵抗这些在人类社会中已经消失了几千年的病毒，都是一个未知数。而这些可怕的病毒，一旦找到了适合的宿主，就会一个接一个地传递下去，这么一来，就有可能出现疾病的大暴发和大流行。

我们都不希望冰川真的会消融掉。为了不让这个潘多拉魔盒放出“妖魔”，我们唯一能做的，就是尽量控制气温继续升高。

6摄氏度之遥的灾难

近些年来，全球气候变暖成了一个热门话题，我们经常可以听到一些与此有关的现象发生的消息。与此相关的理论、论证也不在少数。但是英国人马克·林纳斯的《改变世界的6℃》，无疑把全球变暖这个尚在探讨和争论的话题，通过一系列数据和相关事件的推演，向人们展示了倘若气温上升6摄氏度的可怕后果。他展示出来的每一摄氏度的上升所带来的变化和影响，都让人有种不寒而栗的感觉。

6摄氏度之遥的灾难

根据马克·林纳斯的理论，气温升高6摄氏度所引发的后果不堪设想，野火和台风将在全球范围内大幅度增加。一些地方的河流和湖泊可能干涸，冰川可能融化。假如地球温度升高6摄氏度，几十亿人将受到危害，而这些很可能在21世纪末之前发生。

林纳斯根据一些已经发生的现象，对这个理论提供佐证。例如，在英国，温暖起来的天气，正在让一些原本不适合生长的植物，变成可以大范围种植的作物。

尽管这些改变似乎"有好有坏"，但是总体的后果，却可能是毁灭性的。

微妙的一两摄氏度

按照林纳斯的"6 摄氏度"理论，假如全球平均气温上升 1 摄氏度，北极圈的全年中，将会有半年处在无冰的状态，而且飓风会频繁袭击从未光临过的南大西洋地区沿岸，美国西部的居民将不得不面对长期干旱。

尽管温度只升高了 1 摄氏度，但海底那美丽的珊瑚，却可能陷入万劫不复的境地。珊瑚是由众多的珊瑚虫，或者珊瑚虫骨骼化石组成的。珊瑚虫是一种海生的圆筒状腔肠动物，在生长过程中，它们吸收海水中的钙和二氧化碳，分泌出石灰石，形成了自己生存的

外壳。珊瑚外形多为树枝状，色彩艳丽，具有极强的观赏性。

然而，那些让气候上升了 1 摄氏度的二氧化碳，趁机进入海水中，并和海水反应生成了碳酸。酸性的海水让珊瑚分泌石灰质的能力变弱，要知道石灰质可是珊瑚骨骼的重要组成部分，缺少了骨骼，珊瑚自然是无法继续生长，只能一步步走向死亡。

不仅是珊瑚，就这微妙的 1 摄氏度，也让很多粮食高产区，不得不退化为沙漠地带。而有些原本是沙漠的地方，则有可能因此而湿润起来。或许你会说，这不也是一件好事嘛！可是你有没有想过，那些原本适应这里生活的动物该何去何从呢？原本是千年万年好不容易适应的环境，你能让它们在短短的几十年中，重新适应变化了的环境吗？怕是还没来得及适应，就都已经灭绝了吧！

1 摄氏度尚且如此，那气温升高 2 摄氏度，会是什么样的后果呢？冰川逐渐消融，可怜的北极熊挣扎在生死线上，格陵兰岛的冰架也开始融化，珊瑚礁逐渐灭绝……

原本已经炎热的地区，在夏日里，大部分的时间都是被酷暑和热浪包围着，人的体温也要随之升高了。无端增高的体温，会打乱人体内的热调节系统，导致排汗困难、呼吸急促，甚至心跳加速，严重者会发生瞬间休克。

没错，这就是中暑现象。

不仅人类对这上升的 2 摄氏度有反应，动植物同样也受不了气候的这种改变，在这种反常的升温过程中，它们同样面临着威胁。

就拿森林做例子吧，南美的亚马逊热带雨林，在气温升高 2 摄氏度的情况下，所面临的就是高温和干旱。同时，这样的条件下，还有可能面临发生森林大火的威胁。

虽然这只是计算机的模拟结果，但是有谁敢保证，这不会是事实呢？我们无法想象，倘若没有了森林，地球会是什么样子。

挑战家园的三四摄氏度

假如全球气温升高 3 摄氏度，那么亚马逊热带雨林也开始逐渐消失，狂暴的厄尔尼诺现象将变成常态，欧洲的夏天，将被前所未有的热浪袭击，数千万，甚至上亿的难民将从亚热带拥入中纬度地带。

想想曾经的楼兰古国何其繁荣，然而人类为了获取更多的资源，对其进行了过度的开发，对自然环境造成了很大的破坏，加上战乱……繁荣的楼兰，被掩盖在了黄沙之下，直到1 000多年后，才被后人发现，让这个尘封已久的古国重见天日。

或许楼兰的消失有很多因素，但是不可否认，环境的变化是其中一个很重要的原因。

气温上升4摄氏度后，海平面继续上升，沿海城市将被吞没，冰川消失了，这意味着淡水源的枯竭，干旱缺水将成为普遍现象。南极覆盖的冰盖开始大范围崩解，继续使海平面的上升速度加快。伦敦的夏季最高气温将达到45摄氏度。

根据预测，当全球平均气温上升4摄氏度，北极地区气温将上升16摄氏度，地中海沿岸地区水资源将减少70%，美洲的玉米和谷物产量将减少40%，而亚洲一些国家的水稻产量将减少30%，与此同时，全球所有粮食主产区的粮食都将歉收。

卡克鲁亚笔记

当气温在30摄氏度以上的时候，每升高1摄氏度，谷物的生长就会因受到高温影响而减产10%，而当气温上升到40摄氏度时，谷物的产量基本为零。

在大约 12 万年前，地球的气温曾有过一次升高 4 摄氏度的情况，导致全球冰盖集体融化。假设现在再出现一次全球气温升高 4 摄氏度的情况，那么北极将成为一望无际的海洋，那些依赖冰盖生存的物种将彻底灭绝。

五六摄氏度的灾难

根据林纳斯的“6 摄氏度”理论，假如全球平均气温上升 5 摄氏度，那么全球不适合人类居住的地区将不断扩大，河流的干涸，积雪的不复存在，地下水的枯竭，导致很多大城市的用水成了严重的问题。人类文明有可能因为气候的剧烈变化开始瓦解，而两极将没有冰雪，海洋中的大量物种开始灭绝，海啸摧毁着沿海地区。

当极地冰层和那些永久的冻土层多数已经融化，凝聚在其中几十亿年之久的碳与甲烷突然被升高的气温唤醒，潘多拉的魔盒被打开了。这些家伙可是遇火就着的！如此多的易燃物质释放出来，地球将有多危险可想而知。

海平面继续上升，人类所拥有的立足之地越来越少，人类只能依靠预先建造好的人工岛生活。

而当气温继续上升了 6 摄氏度的时候，全球 95%的物种灭绝，幸存的生物将饱受频繁而致命的暴风雨和洪水的袭击，硫化氢和甲烷不时地引起大火，就如随时爆发的原子弹一般。整个世界，都进入了末日状态。

你可以试想一下，当大部分的陆地都被海水淹没了，动植物自然是没有了家园。

也许你会说,海里的生物应该很丰富吧?毕竟还有那么多、那么多的海水嘛!

虽然海洋动物植物的家园面积是大大地增加了,但是它们的生存环境却有了巨大的改变。首先是海水的温度太高了,而且可溶于水中的氧气也越来越少了。水中的生物们哪里还有活路呢?

陆地上的生物没有了,水中的生物也没有了,我们人类又如何生存呢?

虽然这些都是科学家们的预测,但是人类不能坐以待毙,不能认为这些只是科学家们的预测,而不会真正地发生。因为一旦事情真的发生,一切将为之晚矣。

从现在开始,要保护环境,停止破坏环境的行为。因为没有任何人类制造出来的所谓“人工岛”，能比得上我们现在的家园——地球。

卡克鲁亚笔记

不断升高的气温，很轻易地就能对大气中的臭氧层进行攻击，越来越多的紫外线从臭氧层的破洞处，直接向人们袭来，皮肤被晒伤了，细胞开始变异，皮肤癌的发病率也随之上升。

“6摄氏度”理论的由来

为了研究全球气温变暖的危害性，作家马克·林纳斯花了3年的时间，走遍了世界的五大洲，亲眼见证了一些相关事件的发生。从冻土层融化的阿拉斯加到即将被海水吞没的太平洋岛国图瓦卢，从沙漠范围不断扩大的蒙古到冰河日渐消融的秘鲁，他都一一亲见。

林纳斯将他亲自收集的证据，收录在他以气候变迁为主题所著的《聚焦——来自一个正在变暖的世界的讯息》中。随后，他又出版了第二本和气候变化相关的著作，这就是《改变世界的6℃》，再次为世人敲响了警钟。

林纳斯在《改变世界的 6 ℃》中，以科学研究和计算机模拟所获得的数据，根据对史前气候的研究，系统地对气候变迁进行了探讨，并据此揭示了气候变暖有可能导致的后果。

书中描述了从升温 1 摄氏度到 3 摄氏度的临界点，再到升温 6 摄氏度，甚至对人类的活动可能产生的这些恶果，意在警醒人类，倘若不立即采取行动，遏制温室气体的排放，人类必将面临此等厄运。

地球的生态系统是错综复杂的，无法被人类完全了解，气候变化所产生的真实结果究竟会是什么样？是否比科学家的预测还要严重？我们能冒这个险，对其置之不理吗？

林纳斯本人表示，在对自己搜集的数据进行研究时，他本人也深感震惊，甚至想对此保持沉默，因为披露出来，势必骇人听闻。

但事实上，林纳斯的这些推测，有些已经成了现实。例如，欧洲这几年夏天的热浪，已经危及了人类的健康，特别对老年人的影响更大。而变热的天气，让一些地方患疟疾和其他疾病的人异常增多。中国的冰川，每年以7%的速度在缩小，这种现象将危及3亿仰赖冰川获取水的人的生命。

在印度，因冰川的迅速融化，已有7万居民被迫迁离被海水淹没的洛赫切勒岛。2000年，因海平面的上升，住在约克公爵岛上最低洼处的两万居民被迫迁徙。

炎热带来的绝对不仅仅是“融化”，连锁反应还在不断发生，水源紧张，粮食也会短缺。

不过，尽管林纳斯的这些预见看起来相当可怕，但是他并不是想让人们绝望，而在于警示人们，并让人们积极地加入到全球的抗暖化行动中。

用他的比喻说法来叙述就是，既然我们已经清楚地确定这场“火灾”是人类相关活动引发的，那就应该“拿起灭火器灭火”。既然通过理论分析，确定了温室气体的排放是导致气温上升的源头，那大家就应该一起来控制这个源头的扩张。

由马克·林纳斯引出的话题

马克·林纳斯1973年出生于斐济，他的父亲是一位地质学家，曾经在安第斯山深处进行考察，他也因此有了在秘鲁首都利马的3年生活经历。之后他陆续在西班牙和英国生活，并在爱丁堡大学攻读历史和政治。

再后来，他以新闻记者和科普作家的身份，积极投身到环保活动中，常常受邀在各大媒体中谈论关于气候变迁的话题，并且还受聘于马尔代夫成为推动低碳平衡的顾问。

马克·林纳斯先后出版了《上帝的物种：在人类纪拯救地球》和《改变世界的 6 ℃》，引起了巨大反响，并因此将全球气候变暖的话题推向一个讨论高潮。

至于我们该如何看待这个“6 摄氏度之说”，你可以把它当作科学家根据数据给出的推测，或许会发生，或许不会发生，但是从未雨绸缪的角度来看，我们还是应该做好最坏的打算，这样才能最大限度地减少伤害自然的行为。无论是个人还是群体，我们将如何去做，都该有一个更贴近自然的考量。

不过，提出“6 摄氏度之说”的马克·林纳斯近两年，却因为对待转基因问题的态度，再度成为舆论的焦点。这到底是怎么回事呢?

关于对转基因问题的争论，相信即便你不了解这个问题究竟是怎么回事，也会经常在一些舆论平台上看到或者是听到一些针锋相对的争论标题。而提出“6 摄氏度”理论的马克·林纳斯，之前曾经是坚定地站在反对转基因的阵线上的，但最近两年，他的态度却来了个 180 度的大转弯。

关于转基因技术，赞成者坚决支持，否定者极端排斥，似乎连个中间地带都不存在。即便是对科学技术毫不感兴趣，或者并不了解的人，也容易被卷入到其中，成为某阵营的一员。

本着严谨的科学态度，下面我们就站在中间立场，将转基因这事儿，从它的技术性质，到人们对它的不同态度，给大家做一个简单介绍。

转基因技术的历史

提到历史二字，总让人有一种长久的感觉。其实转基因技术的历史并不是很长，1974 年，当科学家把金黄色葡萄球菌质粒上的抗青霉素基因，转到了大肠杆菌体内，才算是拉开了转基因技术应用的序幕。

1978 年的诺贝尔医学奖分别颁发给了 3 位科学家，而这 3 人中的纳森斯就因发现了 DNA 限制酶，而受到全世界科学界的瞩目。当时就有人发文说，限制酶将带领我们进入合成生物学的新时代。这所谓“合成生物学的新时代”，就是指转基因时代。

又过去了 4 年，美国一家公司率先实现了利用大肠杆菌生存重组胰岛素，这件事标志着世界上首个基因工程药物诞生了。

随后，在 20 世纪 90 年代初，荷兰科研人员培植出了人促红细胞生成素基因的转基因牛。红细胞可是血液的重要成分，缺少了它，就会患上贫血。

而这个叫人促红细胞生成素的家伙，可是能够刺激红细胞生成，当然这家伙，就是治疗贫血的良药了。

在21世纪初，中国农业大学的科研团队，也利用转基因团体细胞可控技术，获得了转基因克隆奶牛。

上面说的这些，只是转基因技术从开始，到进一步发展的几个例子。之后，随着科技领域中各项技术的飞速发展，转基因技术也进入到了转基因系统生物技术的阶段。而今这项技术的正式名称已被定义为基于系统生物学原理的基因工程与转基因技术。

质疑者的声音

关于转基因这一话题的争论，始终没有停止过。当一头克隆小猪于2000年3月出世后，世界上立刻就掀起了又一轮的，关于转基因食品是否能吃的争论。

卡克鲁亚笔记

"转基因"这个词，在人们的心中，可谓是毁誉参半。不过，要是提到它的其他几个名字，似乎就显得颇为"高大上"了，如"遗传工程""基因工程""遗传转化"。听听，这些名字似乎总是鲜有诟病，但是，其实它们和转基因是同义词。就其技术目的而言，当然都是想要一切"更完美"。当然，正如我们前面所说，科学技术是没有立场的，有立场的是那些掌握科学技术的人。如何让科学技术更好地为人类服务，这才是问题的关键所在。

现在的转基因植物已经存在很多了，比如西红柿、土豆、玉米、大米、大豆等。另外，转基因动物有鱼、羊、牛等。虽然这些食品和普通食品在口感上并没有什么不同，但转基因的植物和动物却比普通的植物和动物有着明显的优势，首先就是高产，另外还有抗虫害、抗病毒，以及抗逆境生存等特点。

转基因产品究竟对现实生活是否有着一些说不清的影响，至今还常常成为一个有争议的话题。这究竟是为什么呢?

这是因为到目前为止，并没有官方公开过完整的、和转基因产品成分有关的详细资料，以及关于这方面的长期安全跟踪研究数据。而且一些反对转基因的人士，还从自然的角度提出了异议，比如如果转基因作物本身具有抗击害虫的能力，这就存在着破坏生态平衡的可能性。

或许你要问了，能抵抗害虫不是件好事吗？为什么还成了一个反对转基因技术的理由呢？

害虫固然会对农作物造成很大的损害，但是别忘了，害虫本身也属于自然界食物链的一环，如果它们都没了，那么那些依靠捕捉它们为食的益虫、益鸟就失去了食物的来源。所以说，担心生态平衡的问题，不是没有根据的。

另外，还有一些学者提出，种植转基因作物并不会减少农药的使用量，认为在栽培转基因作物一段时间后，除草剂的使用量不是减少，而是增多了。

总之，关于转基因技术问题的争论真是五花八门，各说各的理。尽管众说纷纭，但作为一个普通人，大多数还只是知道这个词，对这件事本身却知之甚少。

那么，转基因技术到底是什么呢？

揭秘转基因技术

转基因技术自然是一个复杂的话题，而上面那些五花八门的争论，相信你已经看得眼花缭乱了。

我们先不讨论这项技术究竟是好还是坏，或者说，在哪些方面应用会引发较大的争议。这里，老博士就给大家举一个简单的例子，核技术如果用于建设电站，那这项技术就是造福于人类的，如果用于制造核武器……这个如果不用，可以说是一种防卫，一旦应用，就会使无数人受到伤害。

科学技术本身并没有立场，有立场的是那些掌握它们的人。

好了，闲话少叙，我们就来简单地认识一下，究竟什么是转基因技术，以及目前在我们的生活中，有多少地方已经应用到了这项技术吧。

究竟什么是转基因技术

通俗地讲，转基因技术就是将某种生物体基因组中所需的基因片段提取出来，再将这个基因片段转入另一种生物体中，与其原本的基因组进行重组，再从重组体中进行不断地人工选育，直到获得表现稳定的遗传性状的个体。这个 DNA 的片段，也可以是人工合成制定序列形成的。

如果这段话，你读起来仍然觉得费解，那就举个例子来说明。假如说 A 种植物产出的果实或种子为人类所需要，但这种植物在田里生长的过程中，却面临着虫害的侵袭，而另外一种 B 生物体内却有抵抗这种虫害的基因。为了让 A 有能力抵抗虫害的侵袭，就从 B 的基因中提取出那个能够抗虫害的基因片段，然后将这个片段转入 A 的基因中，通过之后不断繁殖，直到确定 A 不仅已经获得了抗虫害的本事，而对其自身原本的特性也并无损害，这个转基因过程就算是成功了。

我们身边的转基因

一提到“转基因”这个词，大多数人总是会有一种莫名的神秘感。而实际上，这项技术早已存在于我们的日常生活中了，且有些存在非但不被指责，反而是受到欢迎的。

不信？那就给你举一个最简单的例子。

大家都知道，我国是个乙肝病毒携带者大国，在全球3.5亿的乙肝病毒携带者中，中国人就占了1亿。对乙肝的防治，成了我国疾病防治领域的一件大事。

之前的乙肝疫苗，都是血源乙肝疫苗，也就是从采集的乙肝病毒阳性的血浆中提取制造的。这就仿佛当年发现挤牛奶的女工因为接触到了患有牛痘的牛，而不再出天花是一个原理。

不过从20世纪80年代开始，转基因乙肝疫苗研制成功，就逐渐代替了之前的血源乙肝疫苗。

转基因乙肝疫苗的原理就是将乙肝病毒基因中负责表达表面抗原的那段基因“剪切”下来，然后转入到酵母菌中。酵母菌可是一直能快速生长繁殖的生物，看看我们平常蒸馒头发面有多快，你就能对酵母菌繁殖的速度有所了解了。转入了乙肝病毒基因的酵母菌在生长的过程中，就会产生出乙肝表面抗原，而酵母菌的快速繁殖，就会让乙肝表面抗原迅速大量地生产出来。

2001年以后，我国在乙肝防治方面，已经全部使用高安全性的转基因乙肝疫苗了。也就是说，现如今，只要是接种了乙肝疫苗，你实际上就是使用了转基因技术。自从这项技术引入我国后，我国每年乙肝的新发感染者已大幅度下降。据统计，仅从1992年到2009年之间，由于转基因乙肝疫苗的介入，我国就让8 000万人免受乙肝病毒的感染，减少了将近2 000万的乙肝病毒表面抗原携带者，让

430 万人逃脱了被肝硬化和肝癌夺走生命的厄运。

在我们身边，和医学有关的转基因技术可不只是乙肝疫苗这一项，还有和糖尿病人有关的人工胰岛素等，这里我们篇幅有限，就不“跑偏”多讲了。

总之，对转基因这事儿，我们不妄作评论，在此，你们的老博士，只是把一些已经存在的事儿展示给大家罢了。接下来，我们还是言归正传，讲我们的气候变化吧。

你不知道的

提到转基因，人们一般会自然地想到这是一项科技行为，其实在自然界中，就存在这种现象。不管是动物，还是植物，抑或是微生物，都有可能自主形成转基因的现象。举例说明一下，慢病毒载体里的乙型肝炎病毒 DNA 就可能整合到人的精子细胞的染色体上。噬菌体可以将自己的 DNA 插入到细胞 DNA 上。这些转基因行为可都是自发形成的哦！

谁在给气候加温

从地球诞生起，气候其实是一直在变化的，只不过在人类活动不是那么频繁的时候，气候的变化都是按照自己的意志自顾自地进行着。但是终于有一天，人类靠着自身迅速地"崛起"，以极其迅猛的势态，参与到了对气候的影响之中。

下面，我们就来看看，到底是谁，在影响着气候的变化。

自然的力量

在影响气候变化的众多因素中，来自太阳老大的力量，无疑是最直接、最强大的。但是，人类的历史和地球存在的历史相比较，实在是太短了，当然人类有能力观测太阳辐射的历史，就更显短暂。我们的科学家也只能在有限的观测记录基础上，根据其变化规律，来推演还原历史上其他时间太阳辐射的强弱变化对地球气候的影响。

在这些研究中，被科学家们一致认同的，就是太阳辐射的变化曾经导致历史上出现过小冰河时期等一系列气候现象。

所谓的小冰河时期，说的是中世纪温暖期之后，随之而来的一段全球气温下降的现象。而欧洲小冰河时期，大约出现在1550年到1770年，也就是说欧洲的小冰河时期结束于18世纪。在此期间，欧洲植物生长季节变短，粮食产量减少。

当然，小冰河时期是全球范围内的，气候也并不是只针对某一个地区，那个时期全球范围内都出现了饥荒和瘟疫。

自然对气候的影响，还不仅仅是太阳的力量。有一种叫作气溶胶的东西，不知道你是否听说过。这家伙是悬浮在大气中的液体或是固体小颗粒，产生这东西的原因是火山喷发的烟尘，还有排到空中的烟尘微粒。你还真别小看这个家伙，它可是有着吸收太阳辐射的作用，当然也可以反射太阳辐射。这些家伙在和大气中的水结合形成云之后，就有了影响太阳辐射的能力。

这也是为什么2010年冰岛火山爆发后，会引起那么大的恐慌，因为这有可能影响气候的变化嘛。火山喷发的时候，会释放出大量的硫化物和烟尘，这些东西都是气溶胶的“成员”。

地球表面的板块运动会改变海洋、陆地的布局，由此形成新的山脉，同时也影响了大气环流，大气环流是地球上各种不同气候形成的原因之一，所以说地球的板块运动，也会影响气候的变化。当然了，地球板块的运动速度和人类的时间概念相比，实在是太慢了，板块运动变化所需的时间，可是要上百万年的！

卡克鲁亚笔记

2010年4月，冰岛时间14日凌晨1点，冰岛的艾雅法拉火山喷发了。火热的岩浆怒吼着喷出，高温使冰盖融化，形成了洪水滚滚而下。附近有800多户居民紧急撤离家园。随后，火山灰弥散在欧洲的很多地方，污染着空气，同时也让欧洲上空的能见度大大降低，很多班机不得不因此停飞。

温室效应

温室效应还有一个听起来很美的名字，叫“花房效应”。但无论听起来多美，它仍是大气保温效应的另一个名字。

还别说，正是这个听起来挺美的名字，能让我们对温室效应有一个直观的认识。花房，或者说俗点，塑料大棚都是我们所熟悉的。在那里，阳光进得多，出得少，结果就让那里的保温效果极佳。作为花房或者是塑料大棚，为了植物的生长，保温当然是它们的职责所在，但是如果大气也产生这样的效果，那我们的地球就会陷入一个在保温中升温的状态了。而这样的结果，可不像让花房保温开出奇异花朵那般美丽了。

倘若地球变成了个保温的“大花房”，那下面这些危害会接踵而来——全球气候变暖、海平面上升、气候反常、土地沙漠化、缺氧……

解读温室效应

究竟温室效应是如何形成的呢?

我们都知道,太阳的短波辐射透过大气,抵达地面,地面受热后,就会向外释放出大量的长波热辐射线,而这些则被大气吸收了一部分,这让大气看起来很像是一个巨大的温室上的玻璃,大气的这种作用就产生了温室效应。

当然,我们还是要感谢大气层的这种作用的,因为倘若没有大气的这种作用,那地球的热量就会很快地散失掉,这样就会让地球在有太阳的时候很热,而一旦太阳照不到的时候,就会变得非常冷。这样的环境当然是不适合生存的。

现在的问题是,这种现象越来越严重了。“温室”虽好,但也总要有个限度。如果过热,那原本的美丽花朵,也会被炙烤成“火花”了。

原本大气在自然运作状态的时候,一切保温效果恰到好处。但是自从人类开始大规模的工业化生产,向大气不断地排放着多余的强吸热气体,

导致温室效应变得越加严重，地球就这么开始升温了。

早在1824年，法国的一个学者就提出了温室效应之说。

而今，将地面释放出来的长波辐射紧紧抓住不放的，让地球不断升温的，就是这些人类过多制造出来的气体，也就是温室气体。

什么是温室气体

温室气体指的是任何存在于大气中且能够吸收和释放红外线辐射的气体。

《京都议定书》将6种气体定为温室气体，二氧化碳当仁不让地排在了首位，其次是甲烷、氧化亚氮、氢氟碳化物（HFCs）、全氟碳化物以及六氟化硫。

在地球的大气中，存在的主要温室气体包括二氧化碳、臭氧（O_3）、氧化亚氮、甲烷、氢氟氯碳化物类（CFCs，HFCs，HCFCs）、全氟碳化物以及六氟化硫等。但由于水蒸气和臭氧的分布在时空上存在较大的变化，所以它们一般不被列位于减排规划之中。

1997年，联合国气候化纲要公约第三次缔约国大会在日本京都召开时，就把以二氧化碳为首的6种气体列为进行消减的温室气体。虽然这6种气体中氢氟碳化物、全氟碳化物以及六氟化硫的温室效应能力最强，但是从整体对全球升温的作用百分比来看，还是二氧化碳以它大比例数量胜出，约占总温室气体的55%（体积分数）。

这个也不难理解，就好比尽管氰化物毒性巨大，但倘若只有非常少的一点，它的毒害作用也就轻多了。而巴豆虽然毒性远不及氰化物，但是倘若量太多，恐怕就不仅仅是让人拉肚子那么简单了。

既然温室气体的排名都这么清楚了，那我们就分门别类地看看这些家伙到底是怎么让地球升温的吧。

卡克鲁亚笔记

巴豆，是大戟科巴豆属植物巴豆树所产的果实。成熟干燥后可入药，治疗寒结便秘等病症。小有毒性，食用后会引起腹泻，大量服用会导致严重后果，拉肚子也是能拉死人的。所以民间才有这样的俗语，“好汉架不住三泡稀”。

温室气体中的老大——二氧化碳

原本二氧化碳是植物光合作用中合成碳水化合物的原料，就以森林中的树木为例，吸收二氧化碳，释放氧气；释放二氧化碳，吸收氧气。当然，严格意义上讲，它们是白天释放氧气，吸收二氧化碳，到了晚上释放二氧化碳，吸收氧气。只不过这个总的过程，吸收的二氧化碳比释放的氧气多，就是说从总体上看，森林还是释放氧气多。这也是我们热爱森林的原因嘛。

但随着人类排放的二氧化碳体积极速猛增，大大地破坏了自然界原有的平衡状态。而大气中这些增加的二氧化碳，会吸收地面释放的长波辐射。也就是说，二氧化碳把热量锁在了大气中，让地球的温度不断地上升。

有研究表明，倘若大气中二氧化碳的体积分数比现在增加一倍，那么全球气温将升高 3摄氏度到 5 摄氏度，而两极地区就可能升高 10 摄氏度。要是根据之前有关“6 摄氏度”理论，这 3 摄氏度到 5 摄氏度，可真够得上灭顶之灾了。

这还仅仅是二氧化碳一个家伙的能量，还有另外那些温室气体呢？

其他

甲烷是在缺氧的环境中，由生物体腐败、发酵或无氧消化过程中产生的一种气体，也就是我们俗称的沼气。

从沼泽到稻田，再到牛羊等牲畜的消化系统的发酵过程，都是产生甲烷的源泉。简单地说，人和牲畜放的屁里，就有这家伙。要是人类和动物一起多放屁，也是一个不小的温室气体量哦，嘿嘿，这虽然有点笑谈的意思，但却也是个不大不小的事实。

而作为温室气体的氧化亚氮，坚持不懈地给温室效应做着“贡献”。它在大气中能待上 150 年左右，尽管它在对流层中的时候化学性质比较“懒惰”，但是一旦到了同温层，就可以利用太阳辐射的

光解作用，达到 90%的分解量，而剩下的 10%则可以和活跃的原子氧(O)发生反应而消耗掉。

无论是懒惰还是被分解，或者是被消耗掉，都挡不住这家伙在大气层中不断增加的脚步。

有科学家认为，到了 21 世纪 30 年代，二氧化碳和其他温室气体所增加的总效应，将相当于工业化前二氧化碳浓度翻倍的水平。这样大量的温室气体，足以让全球气温上升 1.5 摄氏度到 4.5 摄氏度。

要真是那样，地球可就真的变成了个保温的“大花房”了。倘若如此，首先到来的当然就是全球气候变暖了，而后则是海平面上升、气候反常和土地沙漠化等。

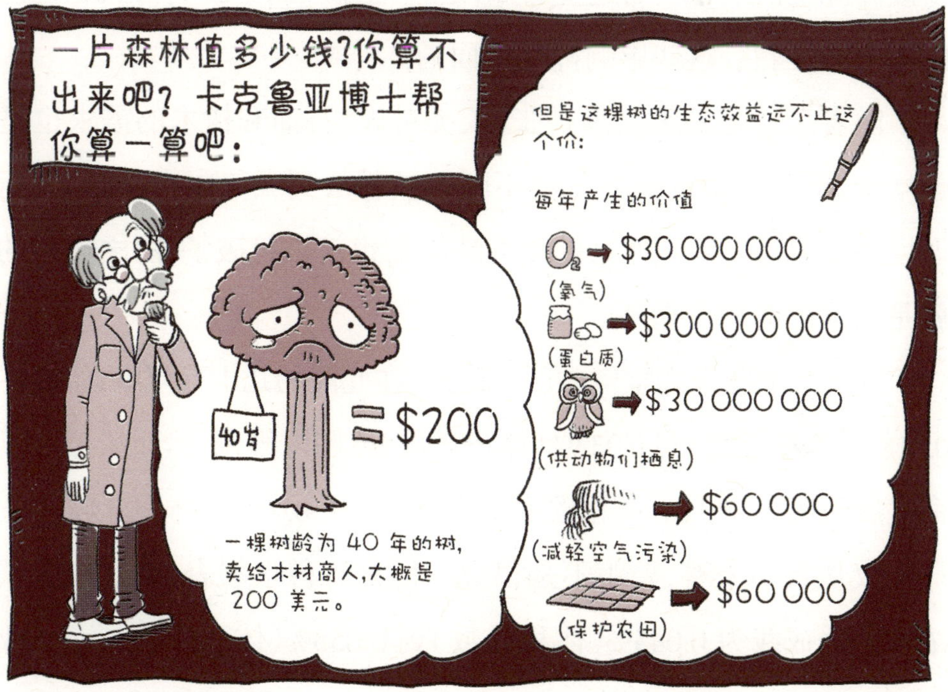

年轻的“超人”

在地球的漫长历史中，当然是自然对气候的变化有着绝对的主动权。但是自然这个老人万万没想到，一个和它相比简直是幼稚到不值得一提的人类，这个不知道比它要小多少倍的群体，竟然迅速崛起跟它“抢班夺权”了。

此前，自然还没把人类这个它眼中的“小小婴儿”放在眼里，不就是开荒种地，砍伐点树木嘛！我还能承受得起！然而随着工业革命的兴起，人类对自然的影响明显加大了力度。

没错，就是在工业革命之后，人类迅速发展起来了各种工业，但却没有预料到这些在当时还是新兴且进步的发展，却产生了很多破坏环境的后果。而这些后果，迅速地加入到了影响自然和气候的队伍中，当然，这些影响都是负面的。

随着工业化的大范围扩张，人类对煤、石油和树木的需求也迅速增加，于是大量的温室气体不断地被释放到大气中，让地球表面温度逐渐升高。地球原来的碳循环平衡也就被打破了，随之而来的就是一连串的恶性循环。

地球二氧化碳在空气中所占比例，在此前的几十万年中，始终在0.018%(体积分数)到0.033%(体积分数)范围内徘徊，然而从工业革命之后到现在，地球二氧化碳浓度已经达到了0.038%(体积分数)。

仅从数字来看，差距不是很大。但是有科学家表示，二氧化碳浓度的警戒线为0.045%(体积分数)到0.055%(体积分数)，而工业革命到现在才200多年。你可以推测一下，按照这个速度增长，距离这个警戒线还会有多长时间呢？

随着医疗技术和其他科技的发展，地球上的人口也在不断地增加，人类对自然资源的占有当然也在增加。同时增加的这些人，也同样在享受着所有现代社会的一切工农业产品。当然也会吸入氧气，排放出二氧化碳了。

研究表示，正常人每天要吸入0.75公斤的氧气，同时排出0.9公斤的二氧化碳。如果按照全世界70亿人口计算，那就是0.9乘以70亿。你可以算算，这么多的人，一天要排出多少二氧化碳呢？一年又会排出多少呢？

不用细算，你也能感知到，那还真是个天文数字！

没错，这些大气中持续增加的二氧化碳，逐渐就形成了温室效应，然后呢？

当然，人呼出来的二氧化碳和那些石油、煤炭在使用过程中所产生的二氧化碳，还真是“小巫见大巫”。

在不断向大气排放二氧化碳的同时，人类还做了一件破坏自然的事情，那就是对森林的疯狂砍伐。

据统计，从1960年到1990年仅30年的时间里，仅仅热带地区就有超过4.5亿公顷的森林遭到砍伐。这个数字相当于全世界热带森林总面积的1/5！

森林可是大自然赐予我们这个星球的珍贵礼物啊！它们不仅为我们提供着氧气，吸收着二氧化碳，还可以防止水土流失和防风

固沙。

而我们却对森林——我们的“守护神”痛下杀手，如此肆无忌惮地破坏森林，无异于杀鸡取卵，最后受害的还是人类，以及这个星球上的其他生物。

人类对森林的攫取近乎贪婪，可释放起温室气体来，人类却显得毫不“吝啬”，结果导致大气中有了过多的温室气体。说了这么多，我们是不是该停下来，好好儿想想，我们是否该对自己的行为有所检视，是否对我们探讨的有关环境的问题有了更进一步的认识呢？

坏脾气的家伙

全球变暖，这个看起来“极其热情”的现象，却是很多极端气候事件频发的幕后黑手。台风、洪涝……都在这种异常的“热情”中，变得十分狂暴。2005年的飓风卡特里娜，不仅给遭受灾害的当地以重创，也给全世界的人一个警示般的深刻印象。

“热情”导致的风暴

我们都知道气温升高就会产生热能，当这些热能被空气和海洋转换成动能，就会进一步形成风暴。也就是说，“温暖”给风暴提供了足够强的动力。至于风暴和温度升高的具体关系，下面我们就通过一系列数据来给大家展示一下吧。

1905年到1930年间，平均每年飓风爆发的次数为3.5。1931年到1994年这63年间，平均每年飓风爆发的次数为5.1。而从1995年到2005年，仅仅10年间，每年飓风爆发的次数就增长为8.4。而这100年来，全球地表的平均温度上升了0.74摄氏度，海平面上升了 17 厘米。

从这些数据可以看出，温度越高，飓风爆发的频率也就越高。

作为生活在 2005 年后的人们，提到飓风，就会联想到一个名字——卡特里娜。是的，就是发生在 2005 年 8 月的这场飓风，让整个美国的受灾面积几乎达到了英国国土那么大。这场灾害被认为是美国历史上造成损失最大的自然灾害之一。

从 2005 年 8 月 23 日美国国家飓风中心发布当时被编号为“第十二号”的热带低压，在巴哈马东南方的海域上形成，到第二天早上，即迅速增强为热带风暴卡特里娜。到了 8 月 25 日，它就已经

升级为飓风，并于当天18点30分在美国的佛罗里达州登陆。

卡特里娜穿越佛罗里达州南部后进入墨西哥湾。在墨西哥湾超过32摄氏度的海水温度、微弱的垂直风切变和良好的高空辐散下，卡特里娜迅速增强为5级飓风，近中心最高持续风速为每小时150海里，也就是每小时近280千米。

到了29日的破晓时分，这个有着一个温柔女性名字的家伙，再次以每小时233千米的风速，在美国墨西哥湾沿岸的新奥尔良外海岸登陆。

此次飓风造成了至少1 833人丧生，财产损失高达812亿美元，是大西洋飓风有史以来造成损失最为严重的一次。受此次飓风影响的地区包括巴哈马、佛罗里达、古巴、路易斯安那、密西西比、阿拉巴马等地，而受灾最为严重的当属新奥尔良了。

当时，美国政府不得不要求新奥尔良的百万人撤出飓风可能抵达的区域，飓风过后，城市里满目疮痍。此次的人口大撤离，导致新

卡克鲁亚笔记

飓风都是由一份固定的名字形成的名单，每6年循环使用一次。当某一次飓风造成的灾害过于巨大的时候，这个名字将从名单中被删除。不过，欧洲人后来制定了"采用气旋命名"的体制，人们可以根据喜好给飓风命名。2006年5月的一次飓风，就是用了美国前国务卿康多莉扎·赖斯的名字命名为飓风康多莉扎。

奥尔良如今的人口和飓风之前相比减少了一大半。很多人从此离开了一直生活的这座城市，不再回来。

因为卡特里娜飓风带来了巨大的灾害，所以“卡特里娜”这个名字将不再被其他飓风使用。自此，卡特里娜在给人类造成了巨大灾难和损失后，它也成了飓风界的一个“传奇”。

凶猛的洪涝和旱灾

洪涝无国界，2007 年 5 月到 7 月间，英国的英格兰和威尔士等多地暴雨如注，3 个月的总降雨量大于 387 毫米，达到了这些地区有气象记录以来的最高值。

而从 6 月到 8 月间，欧洲的保加利亚也连降大雨，10 多个城市的政府部门都不得不宣布城市进入紧急状态。

与此同时，在亚洲也有很多国家遭到暴雨和山洪的袭击。孟加拉国有近一半的国土被洪水淹没,大约2000人在洪水中丧命,2000万人受灾。越南也身陷洪水之灾,民房要么进水,要么在洪水中倒塌,桥梁、道路多处被冲毁,损失不计其数。在印度有1000多人在洪水中丧失了性命,3000万人因洪水泛滥而流离失所。

就连近些年少见雨水的非洲,也遭受了罕见大雨的侵袭。苏丹和埃塞俄比亚等国都遭受了严重的洪涝灾害。

怎么样?这还真是不多见吧。之前每每讲到干旱的时候,总是会提到非洲,非洲应该已经是干旱的一个“代言者”了。现如今,非洲的一些地区竟然“神奇”地出现了洪涝,更让人难以想象的是,同在非洲,甚至是同一个国家里,另一些地区却在干旱中挣扎。就如刚刚说过的埃塞俄比亚,在欧加登地区,就曾经有过三年滴雨未下的历史。干旱的土地,龟裂如干渴的大嘴张开着,没有水的土地,连草都没有一棵,那些以草为食的牛羊只有渴死、饿死的份儿了。甚至有着“沙漠之舟”称号的骆驼也在干渴中死去。

洪涝和干旱是两个截然相反的极端,却都是灾难。这些是否都和高温有关系呢?那就继续看吧。

让我们来看看这些年来的气候变化吧。

位于热带和副热带地区的国家，如印度和巴基斯坦等国家和地区，每年都有数千人死于滚滚的热浪中。

而位于中高纬度的地区，从前算是凉爽的地方了，而今也逐渐炎热起来，向高温地区靠拢了。在2003年横扫欧洲的热浪中，有3.5万人死于和酷暑相关的疾病。

在中国，随着很多地方温度逐渐升高，中央气象台也有了高温预警机制。中央气象台是中国发布天气预报和进行气候研究的国家级单位。高温预警等级从低到高，分为黄、橙、红三色。红色预警是最高级别预警。

2010年7月5日，北京经历了炎热的一天，而这一天也正是北京市首次发布“橙色”级别高温预警的日子。

高温的“威力”

高温的“热情”实在是让动植物，包括人类都无法承受。高温会使用水量和用电量急剧上升，给人类的生活和生产活动带来不便和压力。

而当温度超过人的耐热极限，人体自我调节功能就会受到损害，导致人生病甚至死亡。动物也是如此，有些动物身体调节能力还不如人类，这就使动物因为高温的死亡率超过了人类。

高温还会让人的脾气变得暴躁，让人难以冷静。据统计，在美国平均气温每上升1摄氏度，犯罪率就会增加两万多起。这就证明，人在高温状态下，心情更加烦躁，且难以控制情绪。高温还会影响人的意识，比如开车的时候，会因为精力不集中而造成事故。

另外，气温过高还容易引起火灾，不论是在城市还是在森林中。

全球气温上升，还有可能导致发生极端的地质现象。气候变暖导致冰的融化，地壳中那些被压抑的力量释放出来，内部运动的加剧直接表现在地面上就是地震。而当这些内部运动发生在海洋下的时候，就形成了海啸。

之前曾经提到过的由于气温升高，导致永久冻土层的消融，从而释放出甲烷，也就是被俗称为沼气瓦斯（以甲烷气体为主）的家伙，它是可以作为燃料使用的，有着易燃易爆的特性，当积累到一定程度的时候，就有爆炸的可能了。

为什么冰底下会有甲烷呢？

那是因为海底或冰原下的温度都很低，而压力却很高，这样的条件下，能将甲烷分子牢牢、稳稳地困在水分子中。但如果气候变化，冰原崩塌或者海水变暖，甲烷气体就会从冰的“牢笼”中逃脱出来。

甲烷不仅能够爆炸，还有毒，人类如果吸入这种气体，可能会呼吸困难，甚至窒息死亡。人或者动物放的屁里，也是含有这种气体的。

2014 年，在德国中部的一个小镇的农场，就发生了一起牛棚爆炸事件，有好几头牛因此受伤。事后警方调查发现，这次爆炸事件竟然是因为牛群放屁引起的，因为牛棚甲烷含量过高，里面的机器之间产生的静电火花点燃了这些气体，引发了爆炸。

真是让人哭笑不得的爆炸。即便这是个笑话，也说明甲烷真的很危险。

气候变暖引发的这些甲烷的逃逸，真是件很可怕的事。科学家研究发现，由于全球变暖，那些永冻土面临着解冻，而埋藏于冻土下的数百亿吨的甲烷，则有可能随时逃出来给世界造成威胁。

消失的人间天堂

气候变暖对人类的影响，在我们的城市里，或许仅仅是夏天更热，冬天也不太冷的感受，而对那些美丽的岛国，被大海吞没的威胁，可是真真切切就在眼前。

前面我们已经讲过了，由于气候的变暖，很多冰川已经融化，那这些海中的冰川融化后会去哪里呢？当然是由大海本身来“消化”了。上升的海平面，对那些海拔低的地方，自然构成了巨大的威胁。

举国搬家的图瓦卢

在南太平洋上，有很多风光旖旎的岛国，如同璀璨的明珠，镶嵌在海洋之上。图瓦卢就是其中的一个岛国，它由9个环形珊瑚岛组成，南北两端相距560千米，由西北向东南绵延散布在大约130万平方千米的海域。听起来还算广阔，可是这个岛国实际的陆地面积仅仅26平方千米。首都富那富提位于这些小岛的主岛，面积还不到2平方千米。

因为这里实在太小了，地理位置又偏远，而且也没有良好的深水港，所以无论是大型客机，还是航海客轮都无法直达。所以，图瓦卢的机场，只能供小型飞机起降。

在这里，你能看到穿着短裤、赤着脚走在街上的警察，孩子们在潟湖中嬉戏，渔夫们用渔网捕捞金枪鱼。尽管不是很富裕，但是这里的人却很悠闲惬意。在外人眼里，这里简直就是一个“世外桃源”。

然而2001年的一份研究报告，让这个“世外桃源”的人们大感不安。

有关科学家观测到，图瓦卢的主岛，也就是该国首都所在地，周围海平面平均每年上升5.6毫米。

你可能又在那里嘀咕——每年上升这么点儿，有什么大不了的？

问题是这个岛上居民生活的地方，仅仅高出海平面一两米！实际上，这个国家海拔最高的地方也只有4.5米。这就意味着仅仅几十年以后，图瓦卢的大部分岛屿将被大海淹没。

其实这个袖珍小国，早已领教过大海的威力了。早在2000年2月18日，该国的大部分地区被海水淹没，很多房屋被泡在了海水里。而2006年3月，一次前所未有的大海浪席卷了这里，再次淹没了大部分地区。

怎么样，这回你该有所感受了吧？一个大海浪，就淹没了大部分国土，很难想象吧？

其实，如此低的海拔，大海随便发怒一下，就够这个国家受的了。然而，总还不至于让这个国家彻底被吞没。但是，上升的海平面,却是无法抗拒的。更何况这个国家原本就很贫穷,物资又匮乏,根本也没有办法采取什么手段来抵挡上升的海水。

为了应对这场可能到来的灭顶之灾,最好的办法就是“搬家”。从2002年开始,图瓦卢有3 000多人移民到了新西兰。

人间天堂的危机

马尔代夫有多美?即便你没去过,也听说过。作为热门的旅游地,你可能在很多的旅行社宣传单上看到过这个名字。即便你对旅行社的宣传从来不感兴趣,你也会听到某某明星去马尔代夫游玩,或者某某和某某到马尔代夫度蜜月。

或许你不关心这些，但是那个著名的卡通人物麦兜，你总该知道吧？就是那个一副猪头模样、憨憨的小家伙。这一系列的电影中，最感人的一个桥段，莫过于麦兜缠着妈妈去马尔代夫玩儿，后来，妈妈为了满足他的愿望，带着他坐上电车，骗他说去马尔代夫。当车过去之后，一张写着“马尔代夫”的纸飘落，露出了一个本地地名……那一刻，一个生活在底层的单亲妈妈，对儿子的那份爱，不知道感动了多少观众。

连麦兜都渴望去的马尔代夫，一定是个很美的地方，也一定很有名。

这是一个由 1 200 多个小珊瑚岛屿组成的国家，其中只有 202 个岛屿上有人居住。就是这么一个由珊瑚岛屿组成的国度，却有着“上帝抛洒人间的项链”和“印度洋上人间最后的乐园”之美誉。

这么多的小岛，个个都美丽宜人。四面环海，你会有种被美丽的印度洋拥抱的感觉。白色的沙滩和灿烂的阳光，风吹棕榈树叶的声音和潮起潮落，这一切能让你忘记所有的烦恼。当你潜入大海，周围都是千姿百态的海底生物，还有美丽的珊瑚。岛上充满异域风情的房子，散落在热带丛林中，玩儿累了，就在阳台的躺椅上喝一杯鲜榨的热带果汁，随便翻着一本闲书，海风吹过，那感觉真的好像置身于天堂了。

然而就是这个美丽的地方，却在全球变暖、海水上涨的形势下，变得危机重重。

别问为什么，因为马尔代夫的平均海拔只有 1.2 米，而海平面却以每年 2 厘米的速度上升着。你可以算算，还有多久，这个美丽的地方就将被海水彻底吞没？

即便马尔代夫可以举国迁移，但马尔代夫这个地方，还是将彻底消失了。

刚开始的时候，马尔代夫人的确也考虑过举国迁移，当然，比起图瓦卢，马尔代夫条件要好太多，毕竟这么多年来，来自世界各地的游客对这个国家的旅游业的发展起了太大的作用。于是他们考虑在其他国家购买土地，

然后成立个“国中国”。当时，他们选择了两个国家，一个是印度，因为他们和印度的民族背景相同。而另一个就是澳大利亚，这当然是因为澳大利亚地广人稀了。而这两个国家也同意接纳他们。不过，这样的话，马尔代夫的人，就要勒紧腰带过日子了，因为他们要购买国土啊！

不过后来他们又有了新的想法，毕竟离乡背井是件让人很不舒服的事儿，于是政府决定在自己的海域建立几个漂浮式岛屿，用来安置国民。给马尔代夫人启发的，就是荷兰人的成功做法。

了不起的荷兰

荷兰，一个欧洲西北部小国，对我们大多数人来说，算是遥远而陌生了。这个名字会让我们想到什么呢？我想，大家无论对这个国度多不熟悉，首先都会想到一种美丽的花的名字，那就是郁金香。

为什么郁金香和荷兰有着如此密切的联系呢？那是因为正是荷兰这个国家，让全世界的人认识了郁金香。荷兰人非常喜爱郁金香，当然，郁金香也顺理成章地成了他们的国花。每逢集市和画展，郁金香都是充当着主角。而来自荷兰的郁金香，也在世界各地有着巨大的市场。

或许你没去过荷兰，但是在工艺品店，当你看到有那种古老风车的装饰品的时候，你已经可以初步断定，这属于荷兰风情了。如果你在这个装饰品上，又看到了头上戴着民族色彩浓郁的帽子，脚上穿着木鞋的人物，那么你就完全可以肯定，这是荷兰风情的装饰品了！

风车，就是荷兰人首创的。这个东西，在没有钢铁机器的时代，可是一个为人类工作的好帮手。从名字你就能听出，这家伙是利用风力为动力来工作的。在过去的时代，这些大大的风车可是磨坊工业的主力军，而磨坊就是把小麦变成面粉的地方。

现如今，虽然磨面这种工作已被现代化机器取代，但是这些曾经为荷兰人民提供服务的大家伙，却早已成了荷兰这个国家的“商标”。人们也常把荷兰称为“风车之国”。

为什么风车会成为荷兰的象征呢？

这要从荷兰的地理位置说起，荷兰地处西风带，一年四季都有西风在此盛行。而且这个国家濒临大西洋，是一个典型的海洋性气

候的国家，海风也常年不息。看看，这么多的风力，恰好给缺乏水力和动力资源的荷兰提供了一种干净且强大的能源。所以，风车在荷兰正好有了用武之地。从开始的磨坊，到后来的造纸业，风车在这里可是大显身手了。

你是不是觉得，荷兰还真是够“前卫”的呢，我们可是近些年，才开始大力提倡利用这种无污染的能源的。

所以呢，风车就和郁金香以及木鞋一起，成了荷兰最明显的标志。

比起这些，荷兰还有一个非常特别之处。荷兰这个名字，如果直译应该是“尼德兰”，“尼德”是低的意思，而“兰”则是土地的意思，所以合起来意思就是“低洼之国”。

有多低呢？给你个数据，你就明白了，荷兰全国三分之一的面积，只比海平面高出 1 米！这还不是最严重的，还有近四分之一竟然是低于海平面的！

听到这儿，你是不是已经在惊呼——那他们究竟是怎么生活的呢？

有一个故事，不知道你是否听说过？一个小男孩在玩耍的时候，发现堤坝上有一个很小的洞。或许你会说，一个小洞有什么了不起的。事情可不是那么简单，要知道，大坝内人们生活的地方，可是比大坝外的海面低的！这么个小洞就足以让大坝决堤，让外面的海水奔流而入。发现险情后，这个小男孩就把自己的手指塞进那个小洞，一直等到大人们集体赶来，才阻止了悲剧的发生。

这是一个非常有名的故事，甚至传遍了全世界。我们不知道这个小男孩是否真有其人，但是这个故事却向我们表明了一件事，荷兰人是如何让自己生活在低于海平面之下的，那就是他们用坚固的堤坝，把自己的国家和高出国土的海水隔开了。

了不起的大工程啊！

为了保住自己的国土，避免遭受被海水吞噬的厄运，荷兰人和海水展开了长期的搏斗。早在 13 世纪，他们就开始修筑堤坝拦住海水，再利用这里丰富的风动力，抽干围堰内的水。几百年来，这个国家修筑的拦海堤坝已经长达 1 800 多千米，让自己的国土增加了 60 多万公顷。

如此壮举，只能让人感叹——真了不起！

现如今，荷兰的国土有 80%是靠人工填海造出来的。荷兰人民坚韧的性格，为荷兰国徽上镌刻的“坚持不懈”做出了最好的诠释！

卡克鲁亚笔记

作为荷兰的首都，西欧著名的海港，阿姆斯特丹城区的大部分都低于海平面1米到5米，是一座名副其实的“水下城市”。城市里水道密布，把城市一块块地分割开来。运河上，有1 000多座桥梁。建筑物几乎都是木桩打基，几百万根涂着黑色柏油的木桩深入地下十几米。给这座“水下城市”提供保障的，则是坚固的堤坝和众多的抽水机。

那些危机四伏的地方

荷兰虽然给全世界的人做出了一个好榜样，但是并不是所有的地方都像荷兰那样，早在几百年前就开始了行动。

基里巴斯是位于太平洋中部的一个岛国，全国由300多个岛屿组成，是世界上唯一既纵跨赤道，又横越国际日期变更线的国家。也就是说，这个国家的一部分是地球上最早迎来新一天的地方；而另一部分，却是最晚迎来新一天的地方。如果听着有点费解，那就自行复习一下什么是国际日期变更线。

随着全球气候变暖导致海平面的不断升高，这个国家随时有可能被海水淹没。

2010年，这个国家已经有两座岛屿被海水吞噬，其最高的地方，仅高出海平面不到2米了。

因为海水的侵入，这里很多地方的淡水资源被海水污染，导致出现饮用水危机。而很多基础设施也遭到损毁，不少地方甚至整个村子不得不集体搬家。

全球变暖当然不仅威胁着那些海中岛国，就连陆地国家也面临着危机。尼泊尔就是其中之一，因为境内高山的永久冰川不断消融，而融化的水所形成的冰川湖泊，很可能在不断续入的新融化的冰川水之后决堤，从而引发洪水和泥石流等问题。

面临如此局势，尼泊尔政府在2009年，于珠穆朗玛峰海拔5 000多米的南坡举行会议，呼吁国际上关注尼泊尔因为全球变暖而引发的各种环境问题。

尼泊尔原本也不是什么大工业国家，人民的生活状态也是一派与世无争的样子，却不得不承受全球变暖的恶果，也难怪他们会在那么高的地方开会呢！该引起全世界的注意了。

世界上，因为面临全球变暖而出现各种危机的国家和地区远不止这些，我们在这里只能举几个有限的例子，让大家对此有个初步的认识。至于我们今后该怎么办，我想聪明的你们，会有自己的答案的。

2007年5月9日19点，一向灯火通明的泰国首都曼谷，竟然一片漆黑长达15分钟。这并不是什么停电事故，而是一次用“黑暗”换来“光明”的活动，旨在提高民众对温室效应的认识，让全民在节能这件事上能做到身体力行。根据计算，曼谷熄灯15分钟，就减少了近 5 000 吨的温室气体排放。

“霸主”危机

北极虽然寒冷，但是却有很多动、植物在此生活，仅仅显花植物就有900多种，随便一想动物，一些名字就会跳到眼前，北美驯鹿、麝牛、北极兔、北极狐、海豹、海象、白鲸……当然最为我们所熟知的，就是那白白胖胖、憨态可掬的“北极霸主”——北极熊了。

无家可归的北极熊

北极熊是世界上最大的陆地食肉动物，因为拥有独特的白色外貌，又被称为白熊。但你知道为什么它们会有如此独特的颜色吗？这是因为它们常年都生活在冰雪之上，白色是它们最好的掩护色，这当然也是千万年进化的结果。

雄性北极熊身长在两米半左右，体重400公斤到800公斤，雌性北极熊体型要比雄性小，但身长也有两米左右，体重200公斤到300公斤。别看它们外表笨笨的，一旦奔跑起来，速度可达每小时60千米。

特别说一件事，狗的嗅觉灵敏是大家都知道的吧，但是北极熊的嗅觉竟然比狗还要灵敏7倍！

在过去那些年里，北冰洋上白茫茫的浮冰，一直是北极熊生活的大本营。然而近些年来，随着气候变暖，气温不断上升，这些原本的冰原开始融化，北极熊的家园开始缩水，它们的地盘变得越来越小。

试想一下，倘若那些冰原越来越小，北极熊连个能跑起来的地方都没有了，这还只是其一。当你看着一头北极熊，孤独地站在一块并不是很大的浮冰上，周围都是茫茫的大海，你会有什么感受？

也许你会说，北极熊不是会游泳吗？

是的，这个看起来胖胖的家伙，可以在水里以每小时10千米的速度一口气游上几十千米。但是它们毕竟不是鱼，它们是不可能一直在水中生存的。越来越宽阔的海洋和越来越遥远的冰原，让这些可爱的家伙面临淹死在茫茫大海中的危险。

我们能忍心看着它们孤独地死在一望无际的海水中吗？

事实上，由于冰原随着升高的温度融化，冰断裂成小小的浮冰，这些一直游不到“彼岸”的可怜的北极熊，真的就会被淹死在大海中了。2004年，美国科学家就在波弗特湾发现了4只遭遇这样命运的北极熊。当然它们已经离开这个世界了。

当时，关于北极熊溺水的事件，听起来还让人难以置信。然而之后这样的事件却不断地发生，2008 年，科学家在阿拉斯加西北海岸发现了 9 只北极熊正在海水中奋力挣扎……

如果你要问，为什么北极熊总是喜欢待在冰的边缘，这可是没办法的事，因为它们要在那里捕食猎物。海里的海象、鱼类，甚至白鲸，可都是北极熊的大餐。你让它们远离冰原的边缘，就等于是让它们饿肚子了。

北极熊总是在冰原的边缘活动，当温度升高，这些冰原边缘变得极其脆弱，很容易就和整体冰原断裂开，成为一块浮冰。虽然在一块一块的浮冰之间跳来跳去，甚至在浮冰之间游来游去都是北极熊们的本事，但是倘若浮冰越来越少、越来越小，我想很多热爱动物和生命的人，都不愿意想象这个场景了。

随着家园的缩小，北极熊的捕食范围也在缩小，有许多弱小的北极熊宝宝因为食物的短缺，被活活饿死。因为全球变暖，北极的海冰形成比正常时间晚了好几周，它们的食物越来越少。

也许你会问，它们为什么不“搬家”呢？

这个嘛，我只能很遗憾地告诉你，毕竟北极熊不是人类，它们世世代代生活在冰原上，早已习惯了那样的生活方式。你有没有想过，它们那白白的颜色，离开了那白茫茫的冰原，无论走到哪里，都会成为最显眼的目标。即便它们身形强壮，没什么其他动物敢招惹它们，可是看到它们白晃晃的身影远远过来，哪个动物会傻乎乎地等在那里让它们来捕食呢？

卡克鲁亚笔记

自2009年以来，发生了多起成年北极熊猎食幼崽事件，是什么让憨态可掬的北极熊做出了如此残忍的事情？原因只有一个——饥不择食。北极熊总是利用冻结实的海冰接近它们的猎物——海豹，海豹们营养丰富，吃掉后会积聚过冬所需要的脂肪。然而越来越少的捕食机会，却让它们不得不对自己的同类“下手”。

什么让圣诞老人一脸愁容

圣诞老人是西方圣诞节传说中的人物，在每年的圣诞节，总会有一个胡子雪白、穿着红衣服的可爱的胖老头，驾驶着雪橇，把礼物送到千家万户的孩子们手中。虽然这只是美好的传说，但却让很多人的童年有了美好的回忆。

尽管是传说，但是圣诞老人的雪橇，也是要有驾辕者的嘛！那么是哪种动物有幸成为这个传说中帮圣诞老人送礼物的家伙呢？

答案就是驯鹿！

现实中，在北极圈内生活着一个古老的游牧民族——涅涅茨人，他们世世代代靠驯养驯鹿为生。虽然不能像大城市里的人那样过着丰富多彩的生活，但是靠着放养驯鹿，他们也拥有简单而安宁的生活。

然而，这种原始而安逸的生活却受到了气温上升的威胁。如今的涅涅茨人，已经很难再像祖辈那样靠驯养驯鹿为生了。

如果你觉得天气暖和了，应该就有更多的植物可以让驯鹿吃了，那你就想错了。

在北极的积雪下面，生长着很多的苔藓，这些苔藓就是驯鹿的

主要食物。你想的应该是，暖和了，雪都融化了，这些食物不是更容易获得了吗？但事实上，在寒冷的北极，情况和我们这里完全不同。因为当气温变暖后，积雪是会融化的，可是由于昼夜温差问题，白天稍微融化的积雪，会在夜晚结冰。而驯鹿的食物——苔藓，就这么被掩藏在坚实的冰层下面。而随着这种一冻一化的折腾，冰层变得越来越结实了。

简单地说，就是雪下面的苔藓驯鹿容易吃到，而冰下面的苔藓它们根本无法吃到。

不忍心让这些驯鹿饿死的牧人们，只好以高价从很远的地方购买干草饲料，但如此的高价，是牧人们无法长期承受的。

不光是饲料需要钱，那些运输工具，也是要耗费大量燃料的啊！这就不光是钱的问题了，还能产生很多让大气变暖的废气，这简直就是一场恶性循环的灾难了。

虽然圣诞老人只是传说中的人物,但是如果世界上真的没有了驯鹿,那么就连拉着圣诞老人满世界给孩子们送礼物的它们,也会跟圣诞老人一样,成为一个传说。

如果真的有圣诞老人,他也会为驯鹿的命运现出一脸愁容吧;如果真的有圣诞老人,到了圣诞节,他最想做的大概是先给他的这些“帮手”送去食物,否则他就没办法给世界上的孩子们送礼物了!

那些将离开我们的活动

说过了那些因为气温升高而面临绝境的动物,现在来看看那些因为“温暖”而离我们越来越远的体育项目吧。

随着全球变暖,原来高山上的积雪变少,加拿大、瑞士等一些世界闻名的滑雪胜地也不得不搬家,“新家”选址只有一个标准,那就是离雪越近越好。

瑞士境内的阿尔卑斯山脉一直是旅游者神往的滑雪胜地,有大量的滑雪爱好者和冰川探险爱好者都爱着这片冰雪之地。这片冰雪胜地也给当地旅游业带来了繁荣的景象,过去每年都能带来上亿美元的收益。但是这种繁荣的景象,却由于气候变暖而不得不冷清下来,现如今已经有很多的雪场被迫停业。

由于气候变暖,德国几乎所有的滑雪场都元气大伤,不得不被

迫关闭。

有气象学家预测，如果气温继续升高，阿尔卑斯山脉也将会因为冰雪融化而无法继续举办滑雪运动，北美地区和澳大利亚的滑雪行业也将面临同样的经营困难。

不光是滑雪，还有一些和冰雪有关的运动，也受到气候变暖的影响。

认识到这种危机的冰上曲棍球运动员和爱好者们，就曾经在加拿大举办了一场名为“拯救曲棍球，阻止气候变暖”的活动。要知道加拿大人可是对曲棍球有着特殊情感的。有着漫长冬季的加拿大，冬季运动的传统自然很浓厚。曲棍球是这个国家漫长冬季的主要娱乐项目，曾经给他们带来了无穷的欢乐。所以当全球变暖的脚步越来越快的时候，面对室外冰季的缩短，他们又怎么能坐视不管呢？

虽然冰上曲棍球在我们这里并不是很流行，但我想我们还是能理解加拿大人的心情的。

你不知道的

冰上曲棍球也叫冰球。运动进行的时候，运动员都是穿着冰刀鞋，手持冰球杆，在冰场上以快速滑行代替奔跑。这是一种在冰上进行的相互对抗的集体性比赛，每队 6 人上场，前锋 3 人，后卫 2 人，还有 1 人就是守门员，运动员用冰球杆将冰球击入对方球门。冰球现为冬季奥运会主要项目之一。

热不起的动植物

地球气候变暖对动植物有什么影响呢？植物们会因为这些变化感到煎熬，毕竟它们是不能到处跑的嘛。除了期待情况的好转，实在没有别的办法了。动物们也不得不面临一场新的变化，甚至可能为此丧命。

可怜的蜥蜴

美国的生物进化学家在一项研究中发现，自 1975 年以来，墨西哥的刺蜥属蜥蜴中，有超过 1/8 的种类已经灭绝。据他们预测，以现在的温室气体排放量来看，到了 2080 年，世界上的蜥蜴种群将有 40%灭绝。

有一件事，恐怕你不是很了解，那就是蜥蜴原本是一种对气候变化适应能力非常强的动物！

倘使这些“坚强”的小家伙都会因为气候的变化而灭绝，那一些适应能力不强的动物又会有怎样的命运呢？

科学家们对这种喜欢躲猫猫的小家伙进行了研究，想通过它们的逐渐消失，为一些难解之谜找到答案。通过一系列的深入研究，这

些科学家终于确定，气候变暖正是这些小家伙种类减少的原因。

蜥蜴总是喜欢阴凉的地方，当春季气温异常温暖的时候，它们外出觅食的时间就会大大缩短。而雌性蜥蜴需要在这个时间段大量补充营养，为哺育下一代打好基础。但随着觅食时间的缩短，蜥蜴们不得不饿肚子，雌性蜥蜴因此营养不良，失去了繁殖下一代的能力，蜥蜴的数量就大幅下降了。

如果仅仅是蜥蜴一种动物受到威胁，那我们或许也只是为再看不到一种动物遗憾而已。然而蜥蜴却是昆虫的捕食者，没有了蜥蜴的威胁，这些繁殖能力超强的昆虫就失去了控制它们数量的天敌，于是昆虫的数量就会激增。不管是有害的还是无害的昆虫，如果数量特别多，铺天盖地的到处都是，都将是一种灾难。

卡克鲁亚笔记

蜥蜴是一种冷血爬行动物，通常有4只脚，所以它还有“四脚蛇”之称。它们也的确和蛇有着密切的关系，身上覆盖有角质鳞片。蜥蜴是爬行动物纲中最大的一个家族，有记录的种类就已经超过了4 700多种。蜥蜴大部分是靠产卵来进行繁殖的，也有些种类已经进化成直接产下小蜥蜴的程度。

没谁逃得过

随着气候的逐渐变暖，不只是蜥蜴，其他生物的日子也不会好过。让我们先看看那些被影响的植物。

2008年的福建省出了一件怪事，很多芒果树竟然在立冬刚过，就急急忙忙地开花结果了。要知道芒果的开花季节应该在2、3月份，而果实成熟则是要到7、8月份。

这大冬天的，芒果们为何如此急着开花结果呢？

原因就是当年的11月份上旬的气温，和以往同期相比高出了3摄氏度。我们可爱的小迷糊芒果，就这么被反常的温度所欺骗，以为到了开花结果的时候了，于是就出现了这种冬季开花的现象。

温度升高，不仅把一些植物骗得团团转，还能引发很多植物患病。在2014年的冬天，中美洲的咖啡产量竟然下降了一半，而咖啡减产的原因，竟然是很多咖啡树感染了“锈病”，导致这些咖啡树无法结果。而导致锈病发生的锈菌是无法在10摄氏度以下的环境中生存的，但这些年来气候变暖，则给这种锈菌提供了更多的生存机会。这种锈菌的大量繁殖导致了“锈病”的爆发，而“锈病”又是咖啡树的“克星”。

看来，这无端升高的气温，同样也是咖啡树的敌人呀！

的确，如果全球温度继续升高，预计到了 2050 年，就可能有 80%的咖啡树感染“锈病”，也就是说，有 80%的咖啡树不能再产出咖啡豆了。

唉，要是那样的话，你们亲爱的老博士，恐怕就很难再喝上最爱的咖啡了……

植物都这样了，其他生物也逃不过这一劫。

那些在东南亚伊洛瓦底江自由自在生活的海豚，它们世世代代依靠河口附近的淡水生存。但倘使气温升高，河口淡水温度和盐度会逐渐发生变化，这些海豚未来的生活就成了大问题。

随着气候的变暖，海平面的上升，那些原本是企鹅家园的地方就可能被淹没，那些可爱的企鹅，将再无“立锥之地”。

那些长期生活在北极的动物，也会因为气候的变暖，不得不改变生存地点，当大灰熊被逼进入

麝牛的地盘,那这些麝牛不仅地盘被占领,还要时时躲避着大灰熊的捕食。

这一切看起来简直就是乱套了!

然而这还不是最乱套的,有些动物在较高的温度下,雌性能更多地繁殖后代,让族群数量递增,虽然动物灭绝是件很可怕的事,但是如果一种动物多到泛滥,那恐怕也不是什么好事。真是乱上添乱了。

有一种叫灰林鸮的猫头鹰,一直生活在欧洲和北非。它们有一身灰色的羽毛,样子非常特别。不过随着冬天越来越暖和,这些小家伙的群体中,竟然越来越多地出现了棕色羽毛的家伙。你可别以为是什么其他种类偷偷混入这个族群,而真的是它们的颜色改变了!随着这种灰色猫头鹰的逐渐减少并直至消失,那个时候灰林鸮恐怕要改名为棕林鸮了。

全球变暖对动物的伤害主要是通过3种方式表现出来的。

▶让动物的进化失去规律。

我们都知道，传统意义上的进化应该是个缓慢的过程。然而当气候产生异常变动的时候，动物生长的环境也随之变化，动物们不得不对这种变化做出异常的反应，来让自己适应这种变化。而在这种不得已的适应过程中，动物就进化出了不合常理的样子，有点类似畸形的状态。

▶动物原本的大小会因此改变。

美国旧金山湾附近栖息的鸟类，为了应对渐渐升高的气温，在以往的三十年中，体态逐渐变大。和这些鸟儿相反的是，一些青蛙和松鼠等动物的个头却在变小。

▶会让一些动物丧失某些感觉功能。

随着海水吸收了空气中越来越多的二氧化碳，海水的pH更加偏于酸性，在这样海水中生活的小丑鱼们，却可能因此而失去“听力”。倘使它们没有了“听力”，那么就无法躲避捕食者，也无法寻找同伴了，它们的生存也就出现了大危机。

也就是说，动物为了适应气候的改变，必须主动或者被动地对自己的生长方式做一些“修改”，而这些不得已的“修改”，虽然短时间内看不出什么，但从长期角度看就是对动物的伤害。那些直接导致动物丧失正常生理功能的伤害，则更是显而易见的了。

对某些动物的伤害，其实也就是对所有动物的伤害，因为整个地球的生态环境是一个循环系统，即便某些动物貌似不沾边，但是从生物链的角度看，最后都是整个循环的一个环节。

所以即便断掉的一环看起来不显眼，但实际上，整个循环已经遭到了破坏。

生态系统能否保持完整

让我们从最小的动物看起吧，当温度上升后，昆虫们以为春天来了，就赶紧从“冬眠”中醒过来，而那些捕食这些昆虫的动物，很多还在迁徙的路上，结果就错过了捕食的好机会。

而从昆虫角度出发，既然天敌远在路上，它们则可以放肆地大吃特吃，什么树木了、庄稼了，统统成了它们嘴里的美味佳肴。而且因为没有天敌，它们的繁殖量远远超出了有天敌制约的时候。于是就又有了更多的昆虫，吃更多的树木和庄稼。当森林遭到虫灾后，就会大批死掉，而树木是释放氧气吸收二氧化碳的，这么一来，二氧化碳就更多起来，而气候就会进一步变暖。

这简直就是一个恶性循环的“典范”！

之前也说过，在吸收了大量的二氧化碳后，海水的酸度就会提高，这样的海水不仅会让小丑鱼失去“听力”，还会让大量微生物因为不习惯这种海水的味道而死去。这种微生物的大量死亡，会让海水污染，也就会加速其他生物的死亡。越来越多的腐烂尸体，又会释放出更多的温室气体，继而再度为全球变暖加码，结果恶性循环再度升级了……

如果全球变暖得不到控制，整个地球的生态系统将会发生翻天覆地的变化，不仅很多美丽的生物不复存在，还有那些旖旎的风光也将随之消失。我们总不能让未来的孩子们，只能在展览馆里，才能看到我们现在能看到的动物和风景吧。

如果现在不积极地想办法，那在未来，大象、小丑鱼甚至是蝴蝶，都有可能将在博物馆里，和恐龙的巨型骨架一起被展出了。

粮食成了问题

气候变暖，从人类的角度来看，受影响最大的莫过于农业生产了。这个没什么难理解的，所有农作物的生长都是要仰仗气候这个“老大”给撑腰的。无论科技多发达，也只能是在播种和收获上使用一些现代化的设备，但是在整个农作物的生长过程中，还是要看老天的“脸色”的。

为什么暖和了反而减产

农作物的成长，远不是暖和就会“苗壮”那么简单的。和所有的植物一样，它们也是有着很强的“家园”意识的。同样的地方，却换了一个温度，就等于是让这些农作物搬家一般，水土不服可是植物的大忌。

意大利面的尴尬境地

如果气候再继续升温，鼎鼎大名的意大利面，可能就会彻底从食谱上消失。

是不是觉得老博士在耸人听闻？不就是小麦嘛，这个世界上，产小麦的地方多的是嘛！

那只能说你对农业很不了解。虽然大家都知道面粉是小麦磨出来的，但是小麦也是有很多不同品种的。不同品种磨出来的面，做成的食物，口感也是不同的。

就比如用来制作意大利面的面粉，就是用意大利特产的一种硬质小麦磨成面粉后制作的。而随着气候的变化，这种特别的硬质小麦将无法生长，这些小麦的产量从慢慢减少，将逐步走向彻底消失。

那让人想想就流口水的意大利面呀……

你是不是又会问，别的地方就不能生产这种硬质小麦吗？

或许这种问题可以靠进口来解决，但是，正如一方水土养一方人，其实，即便是相同品种的植物，在不同的地方生产，或许可能很接近，但是究竟是不是原来的味道，就不太好说了。

总之，从一个意大利面问题，我们可以看出气候变化对农作物的影响。

被“升温”毁掉“保温”

棉花经过加工，是制作衣服的一种天然面料。另外，棉絮还可以用来做棉衣、棉裤，也可以做成棉被和褥子，是一种能让我们获得温暖的好东西。随着我们对化纤制品的认识越来越清晰，纯天然的棉制品重新获得了人们的青睐，因为它柔软，还不刺激皮肤。

然而不断升温的气候，却让很多的产棉地区“饱受折磨”。

卡克鲁亚笔记

棉花，实际是锦葵科棉属植物的种子纤维，这种植物原产于亚热带。植株呈灌木状，一般高度为1米到2米，在热带地区能长到6米高。开花后留下绿色的棉铃，棉铃成熟后裂开，露出柔软的纤维，就是我们所说的棉花，多为白色，也有白中带黄的，长度约2厘米到4厘米，纤维素含量（质量分数）达到87%到90%。

作为世界重要棉产地的非洲马里共和国，在过去的50多年中，降水减少了1/4。雨水的严重不足，让大片的棉田里的棉株因为干旱，熬不到棉花成熟，就都纷纷旱死了。

这对靠棉花出口赚取外汇的马里来说，无疑是致命的打击。

从日本农业看气温升高的影响

受到全球气候变暖的影响，日本农作物的整体布局和结构出现了明显的变化。

由于北部变得暖和起来，猕猴桃和菜椒们开始了“不安分”的北移活动，这形势看来是对北方地区很有利。然而那些原来北方的水果，则因为不适应高温天气而纷纷减产，这其中最明显的应该是苹果了。苹果这种水果，可是绝对适应不了炎热的，细心的你一定发现了，南方的水果品种几乎多到数不过来，然而，人们在南方却绝对见不到苹果的踪迹。

作为在日本全国闻名的苹果之乡，青森县也不得不面临苹果产量降低 5%的形势。无论他们这里有多么悠久的苹果种植历史，也不管这里的果农有多么丰富的经验，却还是抵抗不了气候变暖这个自然劲敌。

和苹果的命运相反，原本在较热的地方“定居”的柑橘，却抛开家乡，一路狂奔北上。番茄等农作物因为全天候温度的升高，昼夜温差变小，果实内部的糖分积累受到了影响。

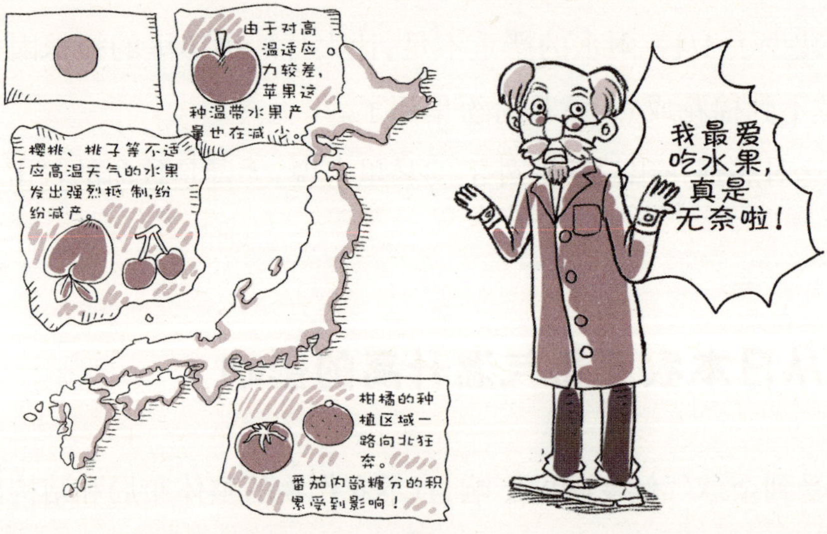

从我国新疆能产出那么多“甜蜜果实”就应该知道，昼夜温差大是让水果糖分得以很好积累的一个重要条件！没有糖分积累，果实的甜度自然下降了。好家伙，一个气候变暖，就让这一大群的蔬菜水果生长完全乱了章法。

这只是蔬菜和水果的问题，我们都知道，日本人是以米饭为主食的，倘若大米出现问题，那简直是断了日本人的口粮了。

有研究显示，日本最著名的越光大米，因为受到全球变暖的影响，在50年后，产量将减少10%。而且不仅产量下降，其品质也会大打折扣。

被逼无奈，日本的农民开始慎重地选择抗高温的水稻品种来种植，以取代不是那么耐高温的越光水稻。一些种苗公司，现在开始不断地研究培养更多的新品种，当然，都是能耐高温的品种。

是不是觉得这变暖的气候，简直就是在折腾人类嘛！

民以食为天

全球变暖，谁也躲不开。2006年的夏天，我国各地都是高温一片。和高温同行的，就是干旱。农作物不得不面对高温和干旱的双重打击。

由于很多地方的气温远远高于农作物承受温度的上限，很多谷芽和秧苗都被高温灼伤，大批农作物停止生长，甚至死亡。这样的高温下，即便是一些耐旱和耐高温的经济作物，也出现了产量和质量的下降。

粮食问题，对于我们这个人口大国，当然是首要的大事。

温度是农作物生长和成熟的必要条件，不同的作物对温度都有着各自的要求。而水则是农作物进行光合作用的必要原料，很多养分都是通过水进入农作物的。当然，农作物的水分来源主要就是自

然降水。

聪明的你是不是又想起河流和地下水了?

你的想法没错,但是当气候变化巨大的时候,自然降水极度缺少,同样会影响地表水和地下水的储备。所以气候的变化对农作物的影响,始终都是巨大的。

全球变暖的变化,直接打破了原有的水循环系统,让有的地区闹旱灾,而另一些地方则是汪洋一片。无论哪种,都会导致农作物大幅度减产。

由于因为气温上升带来的灾难性事件增多,农业基础设施也会遭到毁损,而修复这些,就需要大量的资金投入。再加上气温的升高,农作物病虫害也随之增多,为了给它们"治病",就不得不投入更多的资金。

不过有些时候,气候变暖对农作物也真是双刃剑,比方说,从前冰岛是看不见大麦的踪迹的,而今那里却能大面积种植大麦。

但无论是一些地方情况变糟糕,还是有些地方看起来暂时受益,反常终归会导致总体的恶果,全球变暖还是不能不让我们有所警觉。毕竟我们不能等到势态更严重再重视,那样就有可能为时晚矣了。

添乱的疾病

逐渐升高的温度，势必成为一些细菌和病毒生长繁殖的有利条件，一些新型疾病的爆发，就与气候的变化有着解不开的关系。

远渡重洋的西尼罗病毒

1937年，医生从乌干达西尼罗地区的一名发热妇女的血液里分离出一种病毒，这是这种病毒首次在人前“亮相”，因为发现地的原因，这家伙被命名为西尼罗病毒。

直到1950年，才有埃及医学人士对该病毒进行了生态学特征的描述。1957年，西尼罗病毒在以色列爆发流行，并首次被注意到这种病毒竟然与中枢神经系统疾病有关，当时被认为是引起老年人严重脑炎的原因。1960年埃及和法国同时注意到，该病毒竟然可以导致马发病。

1950年以来，这种病毒总是在非洲、中东和地中海沿岸国家流行，尚未引起重视。直到1996年，该病毒袭击了罗马尼亚，造成了约 400 人病发脑炎，有将近 40 人死亡，这才使得这个一直被忽视的家伙开始受到人们的重视。

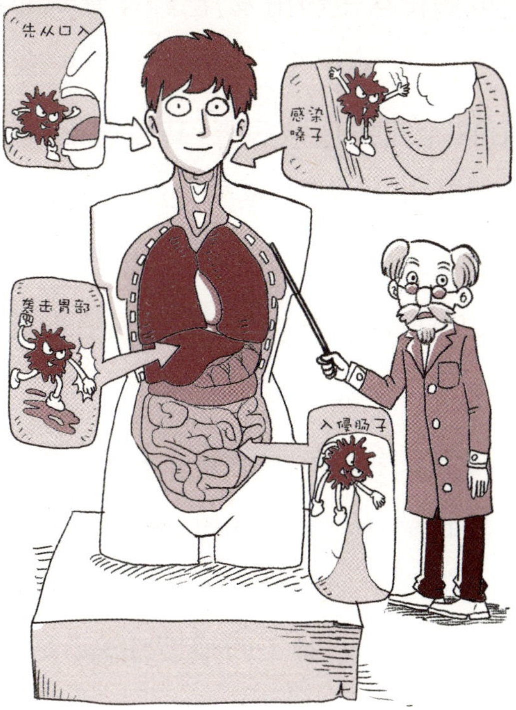

到了 1999 年夏季，仅仅 3 个月，这种病毒就在俄罗斯南部大面积爆发了。有近 1 000 人发病，至少 4 人死亡。

1996 年到 2000 年间，捷克从 14 匹马中分离出了西尼罗病毒，意大利医学界从 78 匹马中分离出了西尼罗病毒。

而 1999 年的 7 月到 10 月间，在美国纽约和临近的州，爆发了人、马、野鸟以及动物园中的鸟之间的西尼罗病毒大流行，则终结了西半球无人和动物间感染报道的历史。这也是这种病毒本身的一个转折点，因为这家伙惹毛了西半球的人。

西尼罗病毒从 1937 年被发现，到 1999 年在北美着陆，这 60多年的时间里，在上面提到的那些国家，以及很多没提到过的国家都有过大规模的爆发。然而在这么多年里，它的大名可是远不如现在这么响亮。它的“出名”全因为在美国的大爆发。在短短的几天之内，就有 25 人被感染，患者呈现脑炎症状，其中 7 人死亡。当年，纽约共有 62 人染病，纽约以外也有 4 个州发现病患。到了第二年，西尼罗病毒从纽约出发，已经蔓延到邻近的12个州。

到了2001年，病毒已经从东海岸一路向西和南蔓延，全国已有23个州发现该病毒，甚至连华盛顿特区都发现了病毒。2002年全国共有4 156人感染，284人死亡。2003年，全国共有7 700人因此病毒入院，死亡166人。

西尼罗病毒在美国，并没有就此止步，到了2012年，它在美国又来了一次大爆发。

为什么西尼罗病毒一旦"抢滩登陆"，就变得如此"根深蒂固"？难道就没有一个特效药，或者疫苗能够治疗它吗？

很不幸，到目前为止针对西尼罗病毒，既没有特效药，也没有相关的疫苗。对于西尼罗病毒，人们所能做的，仅仅是尽可能避免被蚊子叮咬。

是的，你没听错，就是蚊子。这个小小的蚊子，就是西尼罗病毒的传播者。

根据上述介绍，我们都知道西尼罗病毒的"老家"是非洲的乌干达，属于热带地区。在热带，蚊子可是猖狂着呢，因为它们非常喜欢热的地方。

老博士我之所以费尽口舌，说了这么多西尼罗病毒的事儿，就是因为它的传播者——蚊子，会随着全球气候变暖变得越来越猖獗。因为随着很多冷的地方逐渐温暖起来，蚊子的活动范围越来越广泛了。

卡克鲁亚笔记

西尼罗病毒一般都在夏天爆发，通过蚊子的叮咬传染，感染后的人一般在2~15天内发病。患者症状为发高烧、头痛。老人和儿童等体质弱的人往往是该病的高危人群。目前我国还没发现这种病毒的感染病例，也没在动物体内发现。但随着气温升高，蚊子有可能更多，加之和世界的交流日益频繁，不排除这种病毒通过各种途径进入我国的可能。

不能忽视的那些“老病”

2015年10月5日，诺贝尔生理学或医学奖在瑞典斯德哥尔摩揭晓，一位来自中国的女药学家屠呦呦获奖。

你肯定已经知道了，屠呦呦可是首位获得诺贝尔科学类奖项的中国科学家，不过对她的研究成果，如果你不是专业人士，就未必了解了。

在20世纪六七十年代，当时我国的科研条件还很艰苦，屠呦呦团队经过不懈的努力，从中国医药古典文献《肘后备急方》中获得启示，研发出了青蒿素，开创了治疗疟疾的新方法，挽救了数百万人的生命。

在2011年，国际医学界大奖美国拉斯克奖，就已经因为屠呦呦这项成就，授予了她临床医学研究奖。

卡克鲁亚笔记

蚊子的唾液中，含有一种能够舒张血管和抗凝血作用的物质。就是因为有了这种物质，血液才能更方便地汇流到蚊子的“嘴”边。这就是蚊子能够吸人血的秘密。而被蚊子咬过后的那个红红痒痒的包，并不是蚊子的“咬伤”，而是我们人体免疫反应对抗“外敌入侵”的一种后果。雄蚊子是“吃素”的，只有雌蚊子为了繁殖后代获得营养，才会吸血。所以咬你的一定是雌蚊子！

虽然疟疾这种病的名气不小，但在我们的周围，可能得这种病的并不是很多。但仅从屠呦呦因为研发出治疗疟疾的青蒿素，就能在国际上获得这么重要的奖项来看，疟疾肯定是一种很可怕的疾病。

提到疟疾，就不能不再次提到蚊子这个小东西，因为蚊子就是传染疟疾的罪魁祸首。

蚊子这种昆虫，来自一个大家族，全球约有 3 000 多种。特有的吸血特性，让它们成了很多疾病的传播者。从疟疾、登革热，再到黄热病等，它们都成了这些疾病和人之间的媒介。它们的生命力也极其顽强，除了寒冷的南极之外，各个大陆都能见到它们的踪迹。

我们知道，蚊子都是夏天的“宠儿”，仅从这一点就能理解，为什么全球气候变暖会导致这家伙更加猖獗。

非洲是个炎热的地方，也是疟疾肆虐的地方。曾经在非洲，平均每 30 秒就有一个儿童因为疟疾而死去。在 20 世纪，疟原虫导致的疟疾，曾经是造成人类死亡的主要原因之一，特别是低龄儿童，更容易因为感染疟疾而死亡。

1930 年有热带疾病医学会给出报告，在泰国每年丧生虎口的大约是 50 人，而死于疟疾的人数则高达 5 万。

是不是大有疟疾猛于虎的感觉呢？

想知道蚊子到底是怎么把病原传给人的吗？那就听老博士继续讲吧。

当蚊子吸食过患有疟疾的人的血液的时候，也就把病人血液中的疟原虫吸入了自己的体内。而当它们再次叮咬健康的人的时候，这些疟原虫就又从蚊子的嘴里被注入这个健康者的体内了。

10 天后，疟原虫就开始在距离皮肤很近的血管中出现了。这些可怕的家伙，在患者的红细胞中繁殖，很快就分裂成大量的小原虫，而这些小东西就开始利用一种毒素，对红细胞进行破坏。接下来，这些小疟原虫又再次侵入其他健康的红细胞内，在其中继续繁殖，这么一来，患者体内的疟原虫和毒素就越来越多。随后，患者就会发冷和发热。

这发冷又发热的感觉，是不是让你有点糊涂了？

得了疟疾的人，先是发冷，全身上下抖个不停，然而体温却很高。这还是刚开始的时候，过了一个小时后，患者就会感觉到发热，而体温则继续上升。到了三四个小时后，又开始出汗，体温也会随着下降。又过了几个小时，病人感觉很轻松，似乎已经好了。其实这只是个假象，因为此时那些小疟原虫已经开始侵入健康的红细胞，再次开始新一轮的繁殖。当疟原虫再次破坏掉这些健康的红细胞后，病人就开始了第二轮发病。

就因为疟疾这个反反复复，还使人浑身发抖的特性，过去，在我国，它就有了个别名——打摆子。

可怕吧？折腾人吧？

这时候如果得不到适当的治疗，病人就不得不在这种有规律的反复折腾中备受煎熬。当然，那些原本抵抗力就弱的孩子，经不起这种折腾，最后就有可能因此而死亡。

这些蚊子在传播疾病的本事上，还真是“多功能”。有一种叫作日本乙型脑炎的流行性乙型脑炎，竟然也有蚊子在其中参与传播。这种病就是我们俗称的大脑炎。一旦得了这种病，就会发烧、头疼、呕吐、抽搐、昏迷、昏睡……更可怕的是，在治疗上并没有什么特效药，死亡率很高，所以最好的办法就是杜绝这种疾病的传播。

另外，蚊子还能传播登革热、黄热病、丝虫病等疾病，在传播疾病的路上，蚊子绝对算是最“勤劳”的。

想想变暖的气候，让这些“勤劳的疾病传播者”的队伍日渐壮大，那它们传播的疾病也势必增多，这也是气候变暖的又一个可怕的影响。

你不知道的

《肘后备急方》为中国东晋时期人葛洪所著，记载了多种疾病以及治疗方法。屠呦呦在研究治疗疟疾用药的时候，原本已对青蒿反复蒸馏提纯，但都不见效果，在反复研读《肘后备急方》中的一句“青蒿一握，以水二升渍，绞取汁”后受到启发，终于研制出治疗疟疾的良药青蒿素。

气候怪谈

地球自转一周，我们就有了白天和黑夜，地球围绕着太阳产生的公转，让我们有了"年"的时间概念。而地球围绕太阳运转的轨道是个椭圆形，在地球公转的时候，会和自转的平面形成一个夹角，这样就让太阳在一年中照射地球的位置有所不同，四季就此产生。

气候和影响

气候这个名词来源于古希腊，有着“倾斜”的意思。这大概是因为古人发现，气候冷暖的变化和太阳光线倾斜度有关。

地球绕太阳公转的轨道是椭圆形的，现如今可不是什么秘密了，当然地球距离太阳位置就不相同了。不了解的人，都会根据地球距离太阳的远近来判断季节，误以为地球距离太阳近的时候，就会暖和些。

事实并非如此，决定地球冷暖的并不是因为地球距离太阳的远近，而是因为阳光照射地球的角度。也就是说阳光照射的角度越接近直角，温度也就越高。

这下你明白了吧？气温的高低是由阳光照射地球角度的大小决定的。

我们所说的气候，是在某一地区某个时间段多年内各种天气过程的综合表现，是该地区大气的一般状态。而温度、降水和风等各种气象要素的统计量，则是表明气候的基本依据。

人类的活动和气候的变化有着非常密切的关系，最明显的例子就是农业生产和气候的关系。所以我国从秦汉时期就有了关于二十四节气和七十二候的完整记载，而我们从小就会背诵的“节气歌”，每一句都和农业生产息息相关。

早在春秋时期，我们的祖先就已经有了可以通过测日影来确定季节的圭表。可见我们的祖先从很早的时候，就发现了气候和人们生活的关系，并根据对季节的判断，来帮助人们生产和生活。

之所以地球上各个地方的气候会有所不同，甚至差异巨大，是因为太阳辐射在地表分布的不同，另外就是地表地形性质的差异，让太阳辐射到达地表后所产生的物理过程不同，如海洋、陆地、山脉和森林，这些不同的地形对太阳辐射有着各自不同的接受能力。

除了不同纬度形成的气候特征，这些不同地域的地理特点，也会对气候有着不同的影响。即便同纬度，高山和平原的气候也会有所不同，沿海和内陆的气候差距也是很大的。

特别注意

气候可分为大、中、小三种。大气候说的是全球性和大区域的气候，如热带雨林气候、地中海型气候、极地气候，以及高原气候等。较小自然区域的气候被称为中气候，如森林气候、城市气候、山地气候，以及湖泊气候等。更小范围的叫小气候，如一个山头，或者一个谷底的气候。

气候和天气有什么不同

气候和天气是两个经常容易被人混淆的词，简单点说，天气是短时间的气象表现，也就是相对快速的冷热变化，或者说暂时的冷热变化。而气候指的是较长时间内存在的主要天气状况。

气候和天气,对人的工作和生活的影响也是不同的。

这么说好像还不是很清晰,下面给你举一个简单的实例,相信能让你一目了然。

如果有人说:“今天天气真是不怎么样,阴沉沉的,好像要下雨。”

那他所谈的,就是天气而非气候。因为他说的是“今天”,仅表示一天之内的天气现象。

如果这个人跟你说:“我们老家冬天不冷,夏天也不热,真是四季如春。”

那他向你表述的就是他们家乡的气候。因为这句话,向你说明的是他的家乡长期的冷暖状况。

天气不好,会影响我们的出行,比如决定我们要不要带雨伞。

和天气比较起来,气候对人类生活的影响要大多了。从衣食住行的基本生活角度看,云南傣族的民族服装都很简单凉爽,而藏族的民族服装则明显宽大厚实,仅从这些,就能判断这两个民族的居住地，一定一个是四季如春，而另一个是高寒之地。饮食方面的不同也可看出些端倪，比如川菜多麻辣，就是因为那里很多地方气候潮湿，而辣椒和花椒都有驱潮的作用。居住的房子，就更能显露出气候特点，比如傣族的民居多为通风散热非常好的竹楼，如果在东北住这样的竹楼，尤其是在冬季冰天雪地外加西北风，谁都受不了。

和其他人类产业相比，气候对农业的影响显得格外明显。不同的地区会有不同的农作物，我们常说的热带水果，如香蕉、菠萝等，真是多到数不清了。但是热带水果种类再多，有些水果却无法在那里生长，例如苹果。还有寒冷的地方，一年只能种一季庄稼，而随着地域往南，就会有两年三季，一年两季，甚至一年三季的收成。

更明显的就是气候的好坏对农业的影响了。如果这一年风调雨顺，那就会是个丰收年，而如果这一年有洪涝、旱灾，或者是冻害、沙尘暴、冰雹等，就有可能导致农作物收成减产，甚至颗粒无收。

怎么样，现在知道“靠天吃饭”这句话可不是要偷懒的意思了吧？

地质时期较长的气候异常，也会在长时间内，改变生产布局和生产方式，例如《诗经》中有这样的诗句——“终南何月，有条有梅”，“终南”指的是终南山，在陕西省西安市的南部，而“梅”则说的是梅子，诗的意思表示，那时候终南山是有梅子的，而到了宋朝的时候，那里已经没有梅子了，当地人只好用醋取代梅子烹饪用了。

这说明在这一两千年中，那个地方的气候已经变得不适合梅子生长了。

卡克鲁亚笔记

在公元前3000年到公元前1000年，地球的气候比较温暖。在河南安阳殷墟的挖掘过程中，发现了水牛和野猪等热带动物的骨骸。而在甲骨文的记载中，我们可以看到在那个时候当地人曾经猎获过大象，而河南的简称"豫"正是因为旧称豫州的原因，而"豫"在甲骨文中，就是一个人牵着一头大象的形状。

气候给人类留下的"烙印"

我们都知道每个人的容貌、性格，甚至行为方式，都源自我们的遗传基因。但是可能很少有人知道，隐藏在我们身体里那些基因的形成，和大自然有着极其密切的关系。

也就是说让我们每个人都不同的高矮胖瘦，甚至是皮肤的颜色，都是和气候有着密切的关系的。

你是不是有点好奇，这到底是怎么回事，那就听老博士我好好讲一讲。

生活在赤道附近热带地区的人，外貌都有些共同的特性，比如皮肤都比较黑，脖子都很短，头部也偏小，而且他们的鼻子都比较宽。这样的体貌特征是有利于散发体内热量的。因为那里不仅日照强烈，气温也非常高。

而在寒带和温带等高纬度地区，因为常年得不到太阳的直射，气温也比较低，每年的严寒期都很长，所以祖祖辈辈生活在这里的人，多是白种人。为了抵御严寒，就有了一个不容易吸入寒气的窄窄的、高高的鼻子，这样的鼻子内部的孔道都比较长，冷气需要经过一个较长的“途径”才能进入人体内部。而且比起热带地区的人，生活在寒带或者温带的人的头部也比较大、比较圆，脸部比较平，这样有利于减少散热。

你可以拿太平洋赤道地区的人的照片和北欧的人的照片比一

下，看看是不是这个道理。就连中国南方和北方的人，看起来也是比较容易分辨的！

这还只是外貌的差别，地域不同的人就连性格也是有着很明显的差别的，比如因为气候湿润，风景秀丽，居住在水乡的人，也多善感且机智，特别是水乡的女孩子，大多温婉秀丽。而山区因为地高人稀，人们说话的声音也就多洪亮，而且性情直爽。

当然，生活在地广人稀地区的人们，如果嗓门不大，对方在远

距离也听不到嘛！

这还真是其中的一个原因，你看，生活在广袤草原上的人们，都有着嘹亮的歌喉。那些纵马驰骋于茫茫草原上的牧民，也是非常直爽好客的。

其实，就连你们的卡克鲁亚老博士我也很佩服他们，觉得他们真是太了不起了，草原上的天，随时都有可能变化，还有凶猛的风沙……要是没有如此豁达的性格，又怎么能祖祖辈辈在天苍苍野茫茫的地方生活呢？

正是受到气候的影响，生活在气温高的地方的人们也总是被气候拐带得性情暴躁，容易发怒。而在极寒之地生活的因纽特人，因为常年都要和其他人待在一个不大的空间里，就具有了控制情绪的本事，几乎人人都有着很强的忍耐力。所以因纽特人就有了一个“永不发怒的人”的绰号。

气候不仅让人的外貌和性格有了地域特征，还会使人的身体形

卡克鲁亚笔记

因为日光中的紫外线可以让人体皮肤内的脱氢胆固醇变成维生素D，而维生素D有促进骨骼钙化和生长的作用，也就是让人长高。所以每个地方的日照长短，能影响这个地方人的身高。北京的年日照小时数为2778.7，武汉年日照小时数为2085.3，广州年日照小时数为1945.3，而这也正是这几个城市居民平均身高的次序。

成特定的能力。比如世世代代居住在空气稀薄的高山上的人们，胸部都比较突出，呼吸功能极其发达，肺活量和最大换气量都远远超过平原和沿海地区的人们。

想想看，为什么我们去西藏的时候，经常因为受不了当地的气候而出现缺氧的症状，可当地人就能不用氧气瓶，常年在那里生活。祖祖辈辈的习惯，已经“储存”到基因里了嘛！

这就是气候，让人们在长年累月中产生了“适应”的基因，再传下来，让每一个地域的人，都和其他地域的人有着不同的特征。

奇怪的气候变化

2007 年入冬时节，美国东部的气温竟然还是 22 摄氏度，别忘了这可是冬天哦！而且美国的东北部是属于高纬度地区的。由于反常的高温，商店里冬季用品自然滞销，而公园里的花也都盛开了，

大冬天的，冷饮店却是门庭若市。

明明已经该“休息”了的蝴蝶，却异常活跃，这是冬天迟迟不肯来引起的反常现象。而在另外的地方，春天则早早到来。人们当然只要早早脱去冬装，就万事大吉了。可是那些动植物，却被提早来临的温暖“欺骗”了，搅扰了它们的冬之梦，早早地跑出来活动了。在英国，当春天提前来临之后，蝴蝶也早早地出来翩跹起舞了。有多早呢，比二十年前早了大约6天吧。

如果你觉得，早早地就能看到翩跹飞舞的蝴蝶，很好啊！嘿嘿，如果你这么想，那你可就大错特错了。

因为那些要在厚厚的冰层上捕食的动物，就遇到大麻烦了，这样就意味着捕食期大大缩短了！不管是冬天来得晚，还是春天来得早，都等于是让它们捕食的时间大大缩短，没有了足够的食物，它们的生活出现了巨大的问题。

你能想象那个常年冰天雪地、寸草不生的南极竟然有青草出现

吗?南极出现的绿色,可不会给我们带来喜悦,因为那里有了植物,就说明地球的确太热了!

让数据来说话

法国巴黎南部,2003 年 8 月份,晚上的最低气温已经近 26 摄氏度,130 年来,这里从来没有这么热过,而且竟然是最低气温。2006 年,法国也迎来了 50 年来的一个“暖秋”,气温高出以往 50 年来的平均值 3 摄氏度。

2007 年,整个欧洲迎来了一个温暖的冬季,俄罗斯一向是以严寒著称的国度,可是那个冬季首都莫斯科的最高气温竟然达到了 6 摄氏度到 7 摄氏度。

高升的气温,也不会对任何一个地方有所偏向。2012 年的美国,就经历了 117 年以来最热的一个七月。就拿科罗拉多州的丹佛市来说,七月共有 7 天的气温超过了 37.8 摄氏度。在往年,该市在七

月份出现 37 摄氏度以上高温的天气也就 1 至 2 天。

在中国，2013 年 4 月的 14 日到 16 日，春日的西安街头俨然已是一派盛夏的景象，这 3 天的平均气温达到了 22 摄氏度。

虽然“温暖”是个让人感觉很舒服的词，但你们的老博士我讲的这些关于气候变暖的事，是不是已经让你后背发凉，感受到了气候对人类的威胁呢？这些数据可不是什么好兆头。

你不知道的

在 1850 年前，全球温度基本没变。而从1850 年到 1900 年间，全球平均气温保守地上升约 0.2 摄氏度到 0.3 摄氏度。1900 年到 2000 年，地表增温“动作”也不大，也就上升了约 0.6 摄氏度。但 2000 年后，全球各地气温都“按捺不住”，争相挑战同期高温纪录，并且屡次挑战成功！

努力的方式

我们已经知道了，南极洲和格陵兰岛拥有全球98%到99%的淡水冰，倘若南极洲冰盖融化5%，格陵兰冰盖融化20%，全世界的海平面将上升4米到5米。根据全球现有人口分布状况，海平面上升1米，就有可能让将近1.5亿人失去家园。

有什么办法可以保住这些冰呢？

貌似疯狂的办法

在过去，盛夏季节，我们会在城市中看到一些流动卖冰棍的商贩，当然，电线是不能跟着走的，也就不可能用冰箱了。但是为什么他们箱子里的冰棍不会融化呢？原因就在于冰棍箱子上的那条毯子。

一般人只注意到毯子是保暖的，因为冷的时候都要盖它。但是大家往往忽视了一件事，毯子之所以保暖，是因为它是一种不容易导热的东西。也就是说，它的作用是保温，既能保证我们身体温度的“热”,同样也可以保证冷饮箱子里的“凉”。正是由于毯子的保温作用,箱子里的冰棍才减缓了解冻的过程。

倘若使用一条大大的毯子,把冰川包裹上保温,那冰川融化的速度不是就可以减缓了吗?

这想法听起来是不是很异想天开?但是这个原理却是行得通的。为了减缓冰体的融化速度,保住这些寒冷的大家伙,科学家竟然真的在这方面展开了研究。最后发现一种用双层聚酯做成的纺织材料,有着非常好的保温隔热效果,于是科学家就打算将它用在对冰川的保护上。

这种材料的上层可以起到反射阳光的作用,下层则具有非常好的隔热功能。这样的“毯子”,能很好地保持住下面的温度。

如果把这种毯子给冰川披上,即便是在夏天,冰川也不会融

化了。

听起来是不是很玄的样子？大家也许会想即便原理没问题，但要包裹住这么大的冰川，那得用多少毯子啊！即便能做出那么多的毯子，那也需要一大笔钱吧……

的确，这种“毯子”的造价实在是昂贵。不仅仅是钱的问题，即便有这么多“毯子”，冰川和雪山都是在人迹罕见、环境恶劣的地方，怎样把“毯子”挂上去还是个大问题。

可是瑞士人竟然就这么做了！

阿尔卑斯山区中心最古老的罗纳河冰川，在近 150 年中，大幅度消退。为减缓因为气温攀升导致的冰川消融，一些地球观测所的瑞士科学家，每年夏季都会前往阿尔卑斯山，为连绵起伏的山丘以及褶皱的远古冰层，盖上数英里（1 英里 =1.609 千米）的保护毯。

他们真是够努力了！但是想想可能来临的灾难，这样的努力也是值得的。可是毕竟这样的“毯子”还是太奢侈了，不是所有的冰川都能盖得起的。

卡克鲁亚笔记

位于欧洲中南部的阿尔卑斯山，贯穿了意大利北部边境、法国东南部，以及瑞士、列支敦士登、奥地利、德国南部和斯洛文尼亚。山脉呈弧形，长达1 200千米，宽130千米至260千米，平均海拔约3千米。最高峰勃朗峰位于法国和意大利交界处，海拔为4810.45米。

有点“不靠谱”的点子

白色吸收热量会比黑色要少很多，这个常识早已深入人心了。所以在炎热的夏天，我们都喜欢穿浅色的衣服。这个生活常识，又让科学家们产生了灵感。有些科学家号召人们把路面和屋顶等都涂成浅色，比如屋顶刷成白色，而道路也改成浅色，让地面可以反射更多的阳光和热量。

显而易见，这些科学家是想用这个“浅色工程”来对抗全球气温变暖。这点子听起来有些夸张，不过这个理论的确是有些道理的。浅色表面能反射近八成的阳光，而黑色的表面只能反射两成阳光。白色屋顶还能减少为保持室内凉爽所消耗的能源，比如可以少开空调。能源消耗降低了，二氧化碳的排放自然就减少了。

不过，这个方法还是有一个致命的缺陷，就是一年当中并不是只有炎热的夏季，到了冬天，这样的反光屋顶就会失去对室内的保温作用，反而会消耗更多的能源。

结果经过一番折腾，最后还是被自然气候给“扯平”了。

虽然这个方法有些不靠谱，但是人类很多伟大的发明和想法，不都是从一些看似荒谬的大胆设想中产生的吗？科学家们不会就此放弃，通过我们大家不断的努力，相信有一天，我们一定能找到更好的办法来解决这个问题。

政府的力量

虽然科学家们不断地呼吁拯救地球，但这也只能让一些人的认识有所提高。要真正解决问题，是需要人类共同努力的。

首先就是政府的领导力量，制定并调整相关的政策，引导人们改变消费方式，这些都是科学家们力所不能及的。很多国家的政府已经意识到环境问题的严重性，并逐渐展开一些措施。

芬兰的绿色税收

面对全球变暖的问题，荷兰成为世界上首个依据矿物燃料中碳含量来收取能源税的国家。

芬兰政府之所以会做出这样的决策，是因为这个国家地处北欧，冬季漫长且气候寒冷，不仅民用能耗高，而且传统的森林工业以及冶金工业等同样也是高能耗的产业，这让芬兰成了世界上人均能耗最多的国家之一。

想想那漫长的冬季会消耗多少能源啊，所以必须想办法！基于这些原因，芬兰人非常重视建筑物的隔热性，从房屋的设计开始，就考虑到要如何节能了。有这种意识的国家，当然会有更进一步的措施出台喽。

芬兰这个国家还有一大特点，那就是既没有石油，也没有煤矿，有的只是丰富的森林资源。如果一直烧木头，总有一天木头会被烧光的。所以芬兰十分重视开发生物能源。目前，芬兰各种可再生能源的使用，已经占据了整个国家能源消耗的1/4。

而收取能源税的目的，就是控制能耗的增长，让能源生产和消耗向着减少二氧化碳排放量的方向发展。

据悉，芬兰每年收取的能源税近30亿欧元，约占芬兰整个税收的9%。将能源税的收入用于支持能源技术的开发和应用，这也进一步提高了能源的使用效率。

老牌工业帝国——英国的做法

英国作为工业革命的始发地，当然也是环境最早遭到破坏的国家，英国也因此成了最早意识到环境问题的国家之一。此外，英国还是首个提出“低碳”概念的国家。

早在20世纪50年代，英国就颁布了一系列和环境相关的法案，经过持续的治理，英国伦敦这个“雾都”终于“重见天日”了。

进入 20 世纪 80 年代，随着汽车数量的猛增，世界开始再次面对新污染——汽车尾气的威胁。

为了迎接新的挑战，英国开始加紧对燃油的管理，对私家车征收“拥堵费”，用这个方法控制私家车的数量，同时大力发展公交网络，鼓励大家少开私家车，多乘公交车。

为了进一步控制汽车尾气的排放，1993 年，英国针对机动车燃油出台了管理条例，规定在英国出售的新车必须加装可减少氮氧化物的催化器。为了确保尾气达标，在伦敦使用的汽车必须每三年送检一次。

到了 21 世纪初，为了迎接奥运会在伦敦的召开，英国更是加

大了环保的力度。在经济增长放缓的大背景下,大力发展绿色经济产业,既扩大了就业人数,又确保了对环境的保护。

伦敦市长还带头每天骑自行车上下班,就此掀起了一场“绿色交通”的环保活动。与此同时,伦敦还实行了一系列关于自行车租赁等措施。你在伦敦街头,随时能看见带着折叠自行车的人乘坐地铁和火车。就连航空公司也非常配合,专门为乘客提供了自行车的托运服务。

骑自行车是既锻炼身体又环保的一举两得的好事!

随着全球变暖,英国又迎来了新问题。有研究表明,随着海平面的升高和雨水的增加,英国将有近 500 万人的居所面临洪水的挑战。

作为一个对环保问题早有认识的国家,英国政府当然不会忽视这样的问题。财政部决定花费 23 亿英镑修建防洪工程,保护泰晤士河沿岸的几十万户家庭不受洪水的侵害。

泰晤士河的防洪闸在防洪中起到了很大的作用,水闸设计者当初还认为它完全能够应对一年两三次的洪水。

可是没想到的是,随着海平面的上升,这个水闸竟然越来越频繁地显示出了它的作用。看看以下数据就知道了。

1984 年,耗时 10 年,耗资巨大的泰晤士河水闸落成。刚开始,水闸每年也就被提高两三次。但到了 2003 年,水闸被提高的次数已经达到了 19 次。据预测,照这样发展下去,这个了不起的水闸也只能应付到 2030 年。面对这种局面,英国政府别无选择,只能准备继续投资,加固、加高这个水闸了。

特别注意

泰晤士河防洪闸位于伦敦市中心以东约10千米的瑟威尔顿。从1974年动工，历时10年，到1984年建成，耗资约5亿英镑。这个水闸规模宏大，设计新颖，是英国一项了不起的水利工程。由于设计上突破了传统手法，这项设计获得了英国皇家土木工程学会的嘉奖。

我们生活在地球上

“乐活地球”的音乐盛宴

“Live Earth”——不知道你是否听过这个名字，中文是这么翻译的——乐活地球。我想这个词应该是源于这么一句话——We Live on Earth。这句话的意思就是：我们生活在地球上。

那到底这个“乐活地球”，是干什么的呢？

其实这是一个音乐节的名字，这个音乐节有一个非常特别的目的，就是唤醒人们对环境和气候问题的觉悟，真的很有意义。

2007年的7月7日，五大洲的8个大国家，150位世界顶级的艺人，在24小时内将世界各地的两亿多人聚集在一起，用音乐作为语言，为了一个共同的主题，呼唤全世界的人们重视环境问题。

这个同时在美国、英国、巴西、中国、澳大利亚、南非、日本，以及德国举办的音乐盛宴，有多个国家电视台进行了转播，估计观看

人数超过20亿。

此次“乐活地球”的大型演出，主题就是关注全球气候变暖。组织者计划在此次活动中使用环保电流和中型碳，以做出表率。

参与协办这次演出活动的美国前副总统戈尔说道：“作为能够吸引数亿人的大型活动，我们希望‘Live Earth’能够成为一档全球性的活动，希望它能使大家关注到人类当前所面临的气候危机，并参与到如何解决这场危机的活动当中。”

而此次活动的每一站，也各自以不同的环保行为来突出此次行动的主题。

在美国纽约站，用于装饰的旧轮胎会再次循环利用，比如废旧轮胎经过切割、粉碎、高温反应，最后会成为具有弹性的再生胶原料，而这些东西正是生产自行车轮胎的上好材料。

在英国伦敦的演唱会,饭盒是用可以再次利用的高科技材料制成的。

在德国汉堡站,门票的费用中有 0.3 欧元用来交温室气体"责任费"。

在澳大利亚悉尼的演唱会上,观众可凭演唱会门票免费乘坐公共交通工具,其目的是在避免交通拥挤的同时,更减少了汽车尾气排放。

而在中国上海的演唱会门票,则是采用特殊材料制成的可回收门票。此举虽然在成本上远高于一般门票,但举办方希望通过这种方式,呼吁大家在生活中尽可能使用可循环物品。

"不务正业"的前副总统

阿尔·戈尔是美国的前副总统,从 1993 年开始出任克林顿政府的副总统,1997 年连任,2000 年被正式提名为总统候选人。在大选中,他和共和党候选人布什的票数不相上下,不过最后还是落选了。

在竞选总统失利后,戈尔一直致力于环保事业。他曾经赴南极考察臭氧空洞问题,还去过巴西实地考察和研究砍伐森林对地球气候的影响,并呼吁发达国家多为环保做贡献。戈尔著有《平衡的地球:生态和人类精神》一书,并获得肯尼迪图书奖。

2007 年, 为了表彰戈尔在改变全球大气变暖方面做出的不懈努力,西班牙阿斯图里亚斯王子基金会授予他国际合作奖。同年 10 月份,戈尔与联合国政府间气候变化专业委员会共同获得诺贝尔和

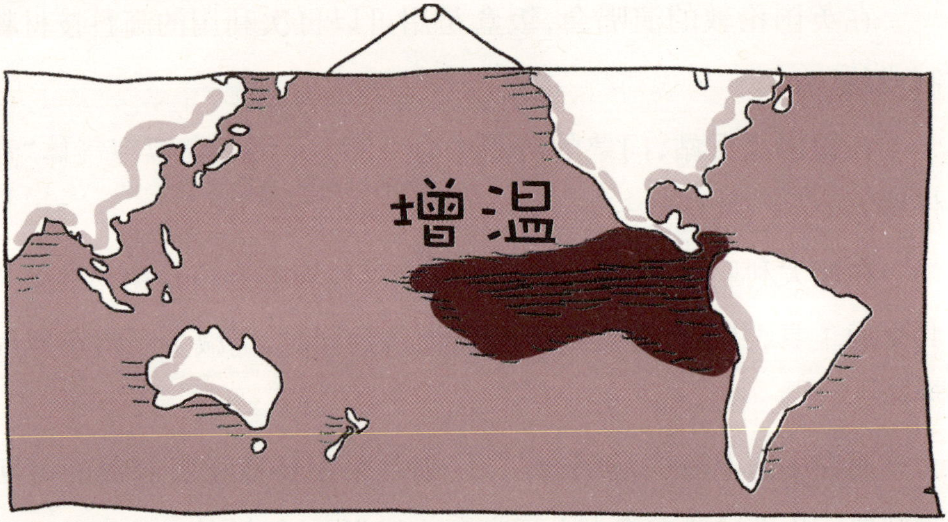

平奖。

在担任副总统期间，戈尔为了促进减少使用化石燃料和降低温室气体的排放，推动了征收碳税措施的实施。他还居中协调了《京都议定书》的签订，这是一份为了控制温室气体排放而制定的国际协议书。虽然最后因参议院的反对，这份协议书并没有被美国接受。

《难以忽视的真相》是一部有关环保的纪录片，这部纪录片获得了第79届奥斯卡最佳纪录片奖。有趣的是，一个曾经的副总统，一个曾经的总统候选人，戈尔在影片中，作为讲解者参与了这部环保纪录片。

本部纪录片揭露了气候变迁的过程，并对此做出了预测。在影片中，戈尔通过巡回全球的简报发表，指出全球变暖的科学证据，并阐述了人类制造的温室气体若不减少，在不久的将来，全球气候将发生重大变化。

影片中，戈尔探讨了格陵兰和南极洲冰床融化的威胁，这些可能使全球海平面升高近 6 米，而沿海地区将会被淹没，约 1 亿人将因此成为生态难民。而且格陵兰冰雪一旦融化，会让海水变淡，可能会因湾流中断而导致北欧地区气温骤降。

为了让人们对全球变暖现象印象深刻，影片中还引用了对南极洲冰层中心样本在过去 65 万年间的温度，以及二氧化碳含量数值的检测。飓风卡特里娜也被用来作为 9 米至 14 米高的海浪对沿岸地区造成的破坏的论据。

影片结尾，戈尔说道，若是尽快采取适当的行动，例如减少二氧化碳的排放量，并种植更多植物，将能阻止全球变暖带来的影响。

尽管影片的某些细节，或者某些理论可能存在一些问题，但是电影的主题却是正确的。

或许是电影的关系，所以难免给人戏剧化的感觉，这或许就是科学家和艺术家表述问题的方式不同吧。

这部影片还是让很多人对全球气候变暖有了更深刻的认识。而且因为科学家的理论在人们的心中有着太重的分量，所以从某种角度来说，科学家的言论相对要小心很多，毕竟他们要严谨第一。这一点，或许通过电影这种艺术形式做出的大胆表态，更能引起人们的共鸣吧。

没想到吧，一个前副总统，竟然会对环境问题有着如此的热情。看来戈尔没当上总统应该是件好事！如果他真的当上总统了，就没有这么多时间为环境问题奔走呼号了嘛。

你不知道的

戈尔在就读哈佛大学的时候，就开始对全球变暖产生了兴趣。在进入国会后，他便成为第一个关注全球变暖问题的议员，戈尔还请到了一些气候学家到国会向其他政客解释这个议题。1992年，戈尔推出《濒危的地球》一书，探讨了各种环境议题。

不同的声音

现如今，全球气候变暖早已成了一个热门话题，也成为很多科学家研究的项目。同一个话题引发了不同的观点，或许这就是科学界的一大特点吧。现在，就让我们来听听这些不同的观点都讲了些什么吧。

另一种声音

英国《周日邮报》在2012年10月13日刊发了一篇标题为《英国气象局报告显示，全球变暖16年前已停止》的文章。报道声称，根据英国气象部门报告，虽然从1980年到1996年，全球温度的确有所上升，但是从1997年初到2012年8月，全球气温却并没有明显升高。这个意思就是说，变暖的趋势已经停止了16年。另外，报告中还显示，在1980年之前的40多年间，全球气温一直处于基本稳定状态，甚至还稍有下降。

之后，英国气象部门在第二天发表声明，这篇文章引用的数据信息的确来自英国气象局的哈德利中心和东安格利亚大学研究中心，而且是当周的最新数据。但是英国气象局并没有就这个所谓的10多年的气候变化趋势发表评论。随后，英国气象局在官网发布回函，表示仅仅截取一个时间段的气温数据，并不能全面反映全球气候变化的情况。

对此问题，英国气象局给出这样的具体解释，以1979年到2011年的气温变化为例，此期间，全球月平均气温每10年上升0.16摄氏度。通过观察可以发现，每个10年都比前一个10年的温度高。也就是说，20世纪90年代比80年代更暖和了。而21世纪的前10年的温度又高出前两个10年。而且这30年来，全球月平均温度最高的10个年份中，有8个年份在21世纪的前10年。

是不是有点迷糊了？数据是从气象局拿到的，用相同的数据竟然得出两个答案。

这或许就是看问题选择角度不同的关系了。根据同一个资料，从长期看和从短期看，就有可能得出不同的结论。从过去140年的全球气温变化来看，地表温度上升了0.8摄氏度。不过，这个时间段里，也存在着几个10年，或者10年以上的时间段，气温上升非常缓慢或者出现温度下降的情况。

对此，英国气象局是这么解释的，目前所处的这个时期呈现出变暖减缓的现象，但这并非史无前例，持续15年之久也并非异常。

英国气象局还指出，这并不是该作者第一次发表这样误导信息的报道。这位作者曾在2012年1月发表文章，声称根据过去15年间的气温数据显示，全球并未出现变暖趋势，因此也无须担心气候变化。

不过，对于这位作者的观点，很多科学家站出来批驳。英国伦敦政治经济学院的学者鲍勃·华德指出，由于 1997 年 4 月出现 20 世纪最强的厄尔尼诺现象，导致全球气温异常升高，但 2012 年中期并未出现厄尔尼诺现象，这就让选择这个特殊时期的气温变化数据来判断全球变暖并不明显成为可能。华德进一步指出，很多持气候变化怀疑论者，也正是试图用类似的方式来掩盖全球变暖的事实。

虽然还是有不少人支持这篇文章的观点，但英国议会能源及气候变化特别委员会主席蒂姆·杨在造访中国时表示，上述文章不会对英国议会能源及气候变化特别委员会或英国政府关于气候变化的立场产生任何影响。

有人欢喜有人愁

黑龙江可以种冬小麦了？

黑龙江是个寒冷的地方，这里可是一直都只能种一季庄稼的。别问为什么，这里夏天那么短，怎么可能种两季呢。

然而随着全球气候的变暖，黑龙江的气候也明显变暖了。以前在温暖的地方才能生长的冬小麦，竟然也在寒冷的黑龙江了落户。

随着全球气候的变暖，黑龙江的春小麦的灌浆期也提前了好几天，因为当气温超过 30 摄氏度，小麦就停止灌浆，过早停止灌浆，只能让小麦粒中的“实质物”不足，这就导致麦子的质量和产量都有所下降。农民们总结出了一套俏皮话，来形容这几年的春小麦——沟深、毛长、皮厚、肚中空。

经济效益上不去，黑龙江的春小麦的面积也大量萎缩。扩大冬小麦的种植面积，成了黑龙江省破解春麦减产的重要突破口。

为解决农民的大难题，东北农业大学的科研人员研究出了新品种——冬麦一号，让小麦可以在每年的 10 月份播种。而冬季的皑皑白雪仿佛是一床厚厚的棉被，不仅起到了保温的作用，也对土壤形成了保墒的作用。灌浆期也提前了 3 周左右，避免了高温对小麦产量和质量的影响。检测证明，冬小麦的淀粉含量比春小麦高出 25%，面筋含量高出 15%，亩产最高达到了 835 斤，比春小麦高出 100 多斤。

冬小麦的种植让农民摆脱了因为春小麦减质减量而遭到的损失，对农民而言，无疑是个好消息。

不过你也可以说，这并不是气候变暖带来的好处，而是应对气候变暖想出的办法。这也是一种看问题的角度吧。

水稻成了明星

在 20 世纪 80 年代以前，黑龙江都以种植小麦为主，而大米在黑龙江人的餐桌上，却是一个“稀罕物”。

然而不知不觉中，这些年来，黑龙江的大米竟然威名远扬，水稻也成了黑龙江省的主要粮食作物。年轻人可能对这一现象没什么感觉，但是在 20 世纪 50 年代或者 60 年代出生的人，对此一定有着深刻的感触。

由于全球变暖，早在20世纪80年代，黑龙江的水稻产量就已经超过了小麦。而且因为地理因素，黑龙江水稻的质量在全国范围内也属于高品质。如今，在很多比黑龙江温暖的地方，就是那些曾经世代都种植水稻的地方，竟然有一些不良商贩，直接在自己贩售的大米包装袋上，印上“五常”的字样。黑龙江五常产的大米，可是赫赫有名的！当然，那些不良商贩的大米不可能是来自五常，因为从那低廉的标价就能够判断出来，他们卖的不可能是五常大米。

虽然不良商贩的行为为人所不齿，但我们却可以从中得到一个信息，那就是黑龙江的大米质量和名气，已经超过那些原本大面

积种植水稻的地方生产的大米了。

新物种的出现

长久以来，神秘的南极海床被拉尔森A区和B区两大冰架覆盖着，但随着全球变暖，南极冰架面积缩小，并且逐渐向海平面以下滑动。最终这两大冰架分别在1995年和2002年坍塌。坍塌后，一个一万多平方千米的巨大海床出现在人们的视野中，而它的出现，为一些新物种的诞生提供了生存的条件。

来自全球的科学家花费了大量时间对南极进行考察，随着科考活动的推进，世界上最原始的生态海域里的许多新物种展现在人们眼前。

科学家们在此搜集到了1 000多种生物，其中有95%的生物是南极原本就有的，而另外5%的生物却是冰架崩塌后新出现的。而因为对深海探索的条件所限，那里是不是还有更多的新生物物种呢？

这些从来没见过的水生物种有着奇怪的形状，有的通体透明，有的长着锋利可怕的牙齿，还有的长着很多手脚。至于它们的习性，还有待进一步研究。到底这些家伙是原本就隐藏在那里的，还是因为南极冰架坍塌影响了海洋环境才造就的，这些都有待于科学家们继续探索。

至于新出现了这么多个生物，是好事还是坏事，现在还没有一

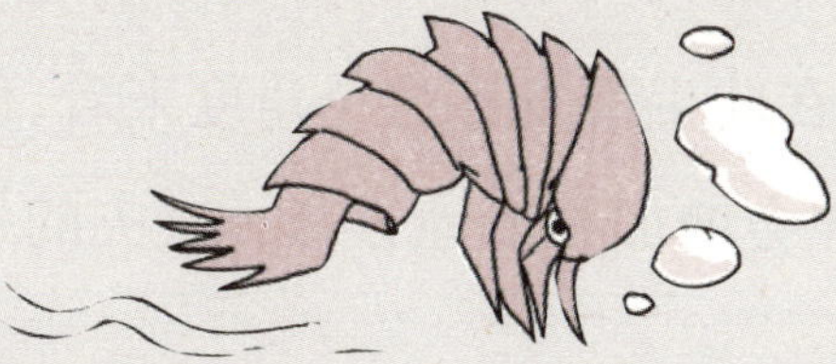

个结论。不过，我们似乎对新成员总是抱着欢迎和宽容的心态。

总之，就全球变暖这现象，还是有一些专家认为完全没必要担心，他们还搬出地质年代的白垩纪来做文章。那个时候，气候温暖湿润，温室气体是现在的 6 倍，但是那个时期的气候和生态环境也还不错，各种植物茂盛，各种恐龙悠闲地到处游荡，爬行类动物开始向哺乳类和鸟类演化……

这种声音不止在国外有，一些中国专家也表示，气候变暖对内陆国家还是利大于弊，比如气候变暖让原本的大气循环模式改变，内陆地区因此能得到更多的降水，可以迎来新的发展机会。

另外还有一种言论，说随着气温升高，全球森林面积将增加，树木会变得更加茂盛。

如果从海水因为气温变暖，蒸发量大大增加，让有些沙漠地带“借光”增加了湿度，让种子更容易在此生根发芽这个角度来看，似乎是这么回事。但是气候变暖同样会增加很多地方森林火灾的发生率，这个损失是更加惨重的。

你不知道的

白垩纪是地质年代中中生代的最后一个纪，位于侏罗纪和古近纪之间，大约在1.455亿年前至6550万年前。白垩指的是石灰岩的一个类型，主要由方解石组成。这一时期形成的地层是由一种粉末状灰岩构成的。白垩纪的名字并不是来自恐龙，而是来自那个时代形成的底层的质地。顺便说一句，作为矿物的白垩可用来制作粉笔等物品。